JN191843

日本農業再生案

鍵はコメ

尾ノ井　憲三　著

筑波書房

推薦の辞

本書は特筆すべき特質を持っている。まず、尾ノ井氏は、機械メーカーで長年勤められた方で、農業の研究者でも、農政に携わる行政官でも、農業経営者でもない。いわば、直接の農業関係者ではなく、農業関連産業の方である。

農業関連産業に携わってきた方が、これだけの熱意を持って、食料と農業の重要性を訴え、国民・国家として食と農を支えていかねばならないと主張してくれたことがあるだろうか。

そして、本書のもう一つの特質は、非常に読みやすく、日本の食料・農業をどうするのかについて、国民的議論を喚起するのに極めて有用な、非常に具体的な内容を提示してくれていることである。

賛同できる点、違うと思う点、それは人によって様々あるだろうが、重要なことは、本書に大いに啓発されて、多くの農業関係者と一般国民が、日本の食と農の将来について、真剣に考え、議論することを始めるべきだということである。

農業関係者にとっては、関連産業サイドの方からの視点での熱いメッセージはとても心強く、励みになる。そして、一般の消費者、国民の皆さんには、自分たちの命を守るために、食と農を皆で支えていくことの重要性をしっかりと認識してもらえるのではないかと思う。

過去に例のない立場と視点から書かれた本書をできるだけ多くの方々が手にして、自分達の未来を守るための方策を皆で大いに議論したいものである。

鈴木　宣弘（東京大学教授／すずき　のぶひろ）

目　次

序章

国民の誤解と農業再生の核心

1．田舎の風景

テレビ番組でよく見かける光景である。タレント等の有名人が農村へ出かけ、のんびりとした野山の緑の景色の中、田畑で作業する高齢のおじさんやおばさんを相手にレポートする姿だ。おじさんや、おばさんが人懐こい笑顔で優しく接してくれる。農産物を手にし、口に入れ、「おいしい！」と言う。そのタレントは「いいなあ、こんな豊かな自然の中で、美味しい空気と、美味しい食べ物。優しい人たち」。地域のお祭りもよくある題材だ。多くの都会の人々は豊かな自然、地域の文化、歴史、特産物、暖かさ、安らぎを求めて、休日には田舎へ家族で出かける。都会と田舎のバランスは社会にとって意識しないが重要なものである。

しかし、その田舎の景色の中に現地の子供の姿があまりない。高齢者の割合が非常に高い。その光景はいつまで見られるのであろうか。近い将来、田舎に行っても、廃屋になった家ばかりで、田畑は荒れ、雑草に覆われ、小さな町もどんどんさびれていく。都会から遊びに行っても、人気の無いさびれた田舎は面白いだろうか。今、田舎はどんどんと崩れていっているのだ。

それは、田舎の人たちの努力不足でそうなったのであろうか。「もっと頭を使って、新しいことをやっていけば活性化できるよ、頑張りなさい」、と都会の人は突き放すのであろうか。田舎のおじさんやおばさんにそれを言えるであろうか。自分たちが田舎から得られる有形、無形の恩恵は当然あるべきもので、“ただ”なのだろうか。

田舎には商業も、工業もあり、経済規模からいうと農業が必ずしも中心ではない地域も多い。しかし、商業や工業の従事者も農業と兼業が多く、田舎の風土、景色、食物、密接な地域社会などのベースは農業を続けているからこそ保たれているものが多い。農業が無くなればそれらは崩れていってしまうであろう。

2．日本農業の衰退

日本の農業の衰退が止まらない。農業が衰退してもいいのだろうか。日本全国で農業者、農協、地方自治体、政府機関、学者、政治家、関係団体、関係企業等の多くの方々が農業の発展を願って、それこそ人生をかけて、それぞれの持ち場、環境で活動されている。そのような活動に心から敬意を表したい。

しかし、政府は未だにこれなら再生できるという政策を打ち出せていないと思う。また、これに関する多くの書物も出ているが、やはり、論拠と数値をもってこれなら再生するといった書物は私には見当たらない。後で述べるが、これまでの政策、現在の政策は農家が全体として都市のサラリーマン家庭の所得水準に近づくといったものではない。就業者１人当たり所得では農家世帯は勤労者世帯の55%しかない[1)]。3Kの上に低所得では、若者は跡を継ぐ気にならないのではないか。一部に工夫したやり方で成功した事例が多く紹介されるが、一部の成功が全体の成功につながるというほど簡単なものではない。また、その裏側に多くの失敗が隠れていてそれは知らされていない。国民全体

表序-1　主要先進国の食料自給率（カロリーベース）の推移（%）

	1961年	1971	1981	1991	2000	2010
アメリカ	119	118	162	124	125	135
カナダ	102	134	171	178	161	225
ドイツ	67	73	80	92	96	93
スペイン	93	100	86	94	96	92
フランス	99	114	137	145	132	130
イタリア	90	82	83	81	73	62
オランダ	67	70	83	73	70	68
スウェーデン	90	88	95	83	89	72
イギリス	42	50	66	77	74	69
日本	78	58	52	46	40	39

出所：農林水産省「食料需給表」2013年

として果たして小さな問題であろうか。

農業には多面的機能がある。安心・安全な食料の提供、食料安全保障、自然環境の維持、生態系の維持、景観保全、観光、水質保全、田舎社会の下支え、地方の文化の継承、農業・田舎のあることによる社会の心理的豊かさ・暖かさの維持等である。普段意識することがあまり無いことであっても重要な機能がある。

欧米はこういった観点からも農業を国の基盤産業としてとらえ、また、都市と田舎の格差を大きくしないよう、さまざまな実効性のある施策を行っていて、**表序-1**でみるように食料自給率は100%前後と活力をもって維持されている。西欧の田舎は、いたるところ絵画のように、広い綺麗な畑、統一感のある少し大きな家々、歴史の活きづく街並み等、調和した美しい景色がどこへ行っても見られる。老若男女の暮らすゆったりした心豊かな社会が欧州の田舎に守られているのはその結果といっていいだろう。

日本では、食料自給率が39%、耕作地は1998年に490万haが2014年には452万haに減少、農業就業者平均年齢67歳と高齢化、**図序-1**のよ

図序 -1　農業生産と農業所得金額推移

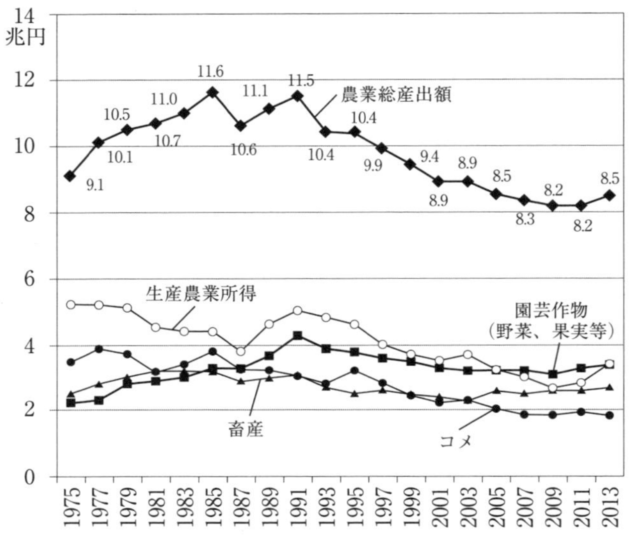

出所：農水省「生産農業所得統計」、「農林水産業生産指数」 2013年

うに農業総産出額は1991年に11.5兆円が2013年には8.5兆円に減少と、明らかに衰退している。49歳以下の農業者は10.5％しかいない[2]。アメリカの第41代大統領ジョージ H. W. ブッシュは「食糧を自給できない国を想像できるか、それは国際的圧力と危険にさらされている国だ」と言った[3]。アメリカは食料安全保障を国家戦略の一つと考えている。

3．政府の農業政策

政府はこれまで大規模化促進等いろんな政策を行ってきたが、衰退の歯止めにはなっていない。現在６次産業化の政策を推進しており、少しは効果があると考えられるが、これで農業が再生されるとは考えられない。政府の方針でも農業者の所得を増やすことが狙いとしており、農業の再生までは唱っていない。

６次産業化は農業者に加工、販売の業態に参入することを勧めている。平均年齢67歳の農業者の内、それに挑戦する人の割合は高くないだろう。また、その人々の中で事業意欲、経営スキルが高い人の割合も高くないだろう。その中でどちらも高い人々にとっては渡りに船かもしれない。主業農家は農業を営むだけでも手一杯の人々も多いだろう。年齢、健康の問題もある。片手間に６次産業化に乗るほど余裕はない人々である。即ち、６次産業化に取り組む農業者の割合は大きくないと考えられる。コンサルタントや学者を斡旋し経営支援しているが、やはり、農業再生まではいかない。

これまでの成功事例はよく紹介されているが、その裏にどれだけ失敗事例があるのかを知らされていない。農水省のデータでは2014年度は1,698事業者があり、全体の売上高が1,650億円、経常利益率1.6％、調査回答事業者の25％以上が債務超過となっている。このデータは2018年現在削除されていて、2015年以降のデータも見つからない。

仮に、ある成功事例を多くの人が真似たとすると、過当競争や、価格下落の末に優勝劣敗が生じ、多くの敗者を生みだし、多くの農家が農業だけをやっているよりももっと過酷な状況に陥る可能性がある。

勝者はいつまでも成功し続けられるかは分からない。対抗する新しい商品や試みが出てくるであろう。商売は水ものであり、農業のように営々として継続するものではない。勿論、一部の成功者にとっては良い政策となるのだが、一部の成功者と多くの敗者を生み、過重債務者、耕作放棄地の拡大を招く施策になりかねない。この取組にはそのような事態を避けるセーフティネットが必要である。

政府は農水産物の輸出促進に取り組んでいる。輸出金額2015年7,452

億円を2020年には１兆円にしようとしている。日本食のPRや流通の整備等組織的に進めている。良い取組であるが、7,452億円の内、加工食品2,258億円、水産物2,757億円と農産物そのものの比率は小さい。この内容もこれだけでは農業再生にはかなり貢献度は小さいと考える。政府もこれによる農業再生を唱っていない。

４．農業の競争力

農業は過保護であり、もっと競争力をつけなければならないという論調がマスコミや一部の専門家から述べられているが、一体どこの何と競争するのか。

国内ではコシヒカリに続けとばかり、美味しいコメの開発が全国に展開され、次々と美味しいブランド米が誕生している。それ自体は良い。しかし、それで市場価格は上がったのであろうか、否、多くのブランド米も以前の価格と同等か、それ以下で抑えられていて、農家の収入が全体として増えていない。

アメリカのコメは安いからこれと戦えるようになりなさいと言っても、アメリカの平均耕作面積は178haで日本の平均２haとは桁違いである。飛行機で種を撒き、超大型コンバインで刈り取ることを日本で出来るのか、そのような土地は殆ど無く、集めようにも集まらない。美味しいコメを同じ土地で２倍も３倍も採ることは不可能である。戦後高度成長時期に農作業の機械化、品種改良、稲の栽培方法改善等が行われ、日本の稲作の生産性は既に収斂している。工業のように生産性を飛躍的に改善するのは出来ないのである。

企業に農業をさせれば良いという意見もあるが、過去にオムロン、ファーストリテイリング等多くが参入し、失敗している。オムロンは1997年北海道千歳市に22億円を投資し巨大なガラス温室を作った。ハイテク栽培で革命的と期待されたが、黒字のメドが一向に見えず３年もたたずに撤退した。ファーストリテイリングは2002年およそ100種類の農産物の販売ビジネスを開始した。永田農業研究所の指導を受けた全国600戸の農家と栽培契約し通信販売と宅配を中心に販売した。しかし、割高で売れ残りのロスも大きく、黒字化のメドが立たず、わずか１年半で撤退した。カゴメもトマト栽培を始めたが黒字にするのに10年を費やしている4)。

現在も大企業のいくつかが農業に参入し始めている。しかしトマトの栽培等に取り組むも大きな事業にはなっていない。コメに取り組む会社は聞かない。

天候変動や病害虫、販売価格の乱高下等、自然の中で営む農業が工業と同じようにはいかない。野菜は売れ残れば在庫できず廃棄するしかない。２ha（約6,000坪）でコメを作っても年間売上高がせいぜい200～250万円で経費率65％を引くと70～90万円しか残らない。儲からないのである。

一方、広大な農地を持つアメリカの農家の農業所得は半分近くがさまざまな名目で支払われる補助金である。日本のコメが太刀打ちできるはずがない。ヨーロッパでも同様で、フランスの平均耕作面積は56haと大きいが、農家の所得の約８割は補助金と言われている。最近では自然環境保護等の名目で補助金の出し方が変化しているが、規模は変わらない。日本は保護されていると言うがせいぜい２割強である5)。公正な競争とはほど遠い。ハンデをもらわなければならない方がハンデを与えているようなものである。

では、中国のコメと競争せよというのであろうか。中国の農家の収入は非常に低く、貧しい生活をベースとしたコメの価格となっている。この価格に競争するとしたら、日本の農家は中国の農家よりもっと貧しい生活をしなければならない。

競争力をつけなさいと言う人々はこれらを知って言っているのか。そうだとしたら、いじめとしか言いようがない。もし知らないで言っているのなら、勉強不足で無責任である。そして、そのような論調が世間に浸透し、国民の多くが誤解しているのは悲劇である。政治家や、関係官庁、学者が分かっていて言わないのであろうか。言っている学者はいるが、かき消されている。

5．農業再生の核心

日本で補助金と言うとバラマキと言われる。選挙目当ての策と見られる。欧米では1800年代から農業を保護するか、自由貿易とするかを長年論議し、試行錯誤の末、しっかりと保護するという結論を出し、政策に反映している。

EUは農業における共通政策CAP（Common Agricultural Policy）としてEUの全予算の内40％程度を充てている。産業革命以降、先進国では農業の所得が工業や商業の所得よりかなり低くならざるを得ない状況になった。低開発国から農産物は安く手に入り、農産物の価格は低く抑えられてしまう。農業者の生活はそのままではかなり貧しいものになってしまうので、保護せざるを得ないと判断している。農業者に直接支払いの補助金を出し、所得を都市での所得に近付けているのである。欧米の政治家はこの点論理的であった。日本の政治家は分かっていてしようとしていないのか、他に再生の道があると信じてやらないのか、財源の問題でやらないのか。規模拡大や６次産業化等の政策では衰退は止められないのではないか。

農業再生の核心は農業保護・補助金にある。イギリスは1960年頃食料自給率40％程度であったが、その後EC（後にEU）に加入し、CAP

表序-2　農業地域類型別統計表-経営の概要と分析指標（2016 年）

区分	単位	都市的地域	平地農業地域	中山間農業地域
年間月平均世帯員数	人	3.38	3.59	3.29
年間月平均農業経営関与者数	〃	2.08	2.08	2.03
経営耕地面積	a	170.3	337.2	259.4
（参考）経営主の平均年齢	歳	68.3	67.0	67.4
経営収支				
農業所得	千円	1,394	2,347	1,581
農外所得	〃	2,249	1,080	1,306
年金等の収入	〃	2,029	1,835	2,029
総所得	〃	5,683	5,266	4,927

出所：e-Stat 統計でみる日本 2018 年
https://www.e-stat.go.jp/stat-search/files?page=1&layout=datalist&toukei=00500201&tstat=000001013460&cycle=7&year=20160&month=0&tclass1=000001033169&tclass2=000001033170&tclass3=000001115715

に従い保護政策を進め、補助金を出し、現在食料自給率を70％程度に上げてきている。CAPの元になるローマ条約（1957年調印）では、「農業の生産性向上を図りつつ、農業従事者の適正な生活水準の保証」という農業保護を主要な目的の一つに掲げている。

日本の農家の所得は**表序-2**にあるように、2016年で平地農業地域では5,266千円である。２名余りで働いてこの所得では、サラリーマンの共稼ぎや、公務員等に比べてかなり低いと言わざるを得ない。兼業農家の企業を定年退職した世帯主のいる農家では年金収入があるので、まだましであるが、年金収入の無い若い世帯主の家庭ではかなり少ない。子供を大学まで入れてやれるのかも心配である。これでは若者が敢えて3Kと言われる農業に就きたいと思わない。

作家の故・井上ひさしは農業の衰退を憂えて「日本のお米を守るためには、農家に所得補償するしかないと考えています。耕作面積や条件に応じて、農家１戸当たりだいたい年200万円くらい」と書いている[6)]。適正な生活水準を保証することが肝要なのである。

本書の目的として農業再生の核心と、その実現のためのいくつかの方策について、世界の食糧問題と関連付けて述べたい。国内でこれに関する書籍は沢山あり、農業を保護する必要があるとの趣旨の書籍は多く、そこから学ぶことも多い。しかし、本書で述べるような農業再生の核心とその方策について、数値を伴って説得力のあるこれなら再生するという具体的提案を書いたものは見当たらない。

私は農業機械を含む機械メーカーに勤めて定年を迎えた。この間、農業機械の開発にも関与していたが、日本農業の衰退が止まらない状況と、政府の政策が再生にまでいかないと失望を感じていた。私自身、若い頃、7反程の田畑で親の手伝いをした経験もあった。2008年頃から農業再生について勉強し、解決策提起のレポートを作り、複数の知人を通じていろんな場所で、会社の考えとは無関係で個人的な意見として講演してきた。賛同も多くいただいた。その中の方からの紹介もあり20回以上の講演をさせていただいた。今回、人の勧めもあり、また、誰かがここまで踏み込んで書かなければならないという少しばかりの意気込みもあり、本書を書くこととした。これまでの所属会社の考え方とは全く関係なく、個人の考え方である。

また農業政策、農業振興における主役である政府、農水省、農協についての考察においては、現在までに個々に展開された方策、活動は全体の限られた予算内でできる現実的なものとしてはそのようにしかできない、或いは、その中でも頑張って農業を支えようとしていることは認めざるを得ない。しかしながら、農業再生という大きな目標に対しては成果が出ていない以上、否定的な論評にならざるを得ない。

本書のベースの考え方に大きな影響を与えていただいたのは、東京大学の鈴木宣弘教授の数冊の著書である。勉強し始めた頃、欧米の農業との違い、日本農業の問題点について沢山の知見を得た。鈴木教授とは一度お話しさせていただき、私の考えを聞いていただき、また、いろんな事を教えていただいた。私なりにそこからどうしたら良いかを模索してきたのである。

他の学者の方々の欧米の農業を紹介した文献も読んだが、その執筆者の方々は、いずれも行間に欧米に習って日本農業を再生してもらいたいと望んでおられるように感じた。私は農学者でも専門家でもない。専門的な詳細な分析と知見を紹介することもできない。しかし、本書で述べたいことは既に世にある文献や一般的知識、インターネットで得られる情報、個人的な関係で得られる情報等から組み立てることのできる戦略、方策であり、枝葉末節にとらわれない農業再生に関する核心を中心としたものである。農業再生論としてはそのレベルで良いと考える。農家の方、サラリーマンの方、農業関係の方等に共感、或いは賛同していただけることを目標としている。

第５章までに本論を述べ、第６章以降で各懸案、方策についてもう少し詳しく述べる。

注

1）農林金融研究所『農業所得・農家経済と農業経営』2013年11月
2）農林水産省HP「基幹的農業従事者の年齢構成」2017年
3）鈴木宣弘『現代の食糧・農業問題』創森社、2008年、p.37
4）財部誠一『農業が日本を救う』PHP研究所、2009年、pp.80-87
5）鈴木宣弘『現代の食糧・農業問題』創森社、2008年、p.37
6）井上ひさし『井上ひさしと考える日本の農業』一般社団法人　家の光協会、2013年、p.151

第１章

日本農業の特徴と現状

１．農地の制約

日本の主業農家一戸当たり農地は平均約２haと欧米50～180haに比べ狭いので、もっと農地を集め、規模を大きくして競争力を高める必要があるというのが一般的に認識されていることである。しかし、**図1-1**で見るように、日本の国土の約７割は山地であり、農地の約４割、及び総農家数の約４割は中山間地であり、この地域では集めようにもまとまった大きな土地が無い。また、平地はどうか。電車の窓から見ても、いたるところ住宅、商業施設、工場、公共施設、等が点在し、農地は細切れであり、集めても全体として大した面積にはならない。

図 1-1　中山間地

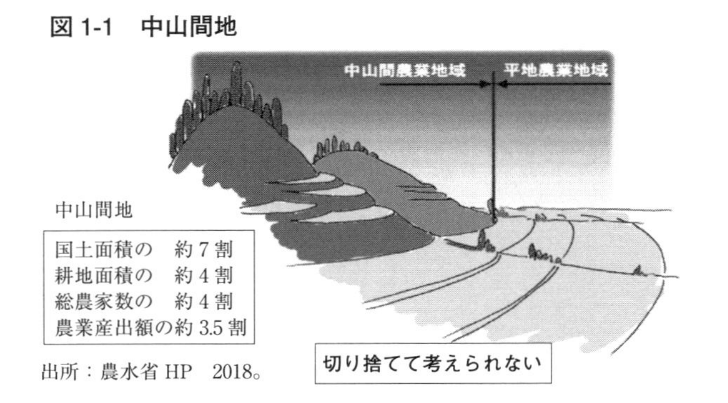

出所：農水省 HP　2018。

平均２haを４haにするのも難しいのではないか。

また、多くの農家には田畑は先祖からの土地であり、愛着があり、生活習慣、環境の一部であるので、自分の代で処分するのは抵抗感がある。田畑を売却しようにも、農地法により農地としては高く売れない。また、商業等に転用した場合は多額の税金がかかるので、農地として持ち続けるしかない、もしくは将来、道路や商業施設、公共施設等の計画が持ち上がれば高く売れるかも知れない等の理由で手放さないのではないか？

更に、日本の殆どの土地は平地でも傾斜があり、水田としては水平である必要があるので、まとめて一枚の大きな田んぼにできないのである。かといって、全てを野菜とするのは野菜の過剰生産になり、価格が暴落する。小麦やトウモロコシは日本では農作物の主役にならない。日本に一番合う主要農産物はコメである。コメを中心とした農業が成り立たなければ日本農業が再生しない。

2007年より政府は新農政として、４ha以上の農業経営体に補助金を集中する政策を実施した。結果、どうなったであろうか。多くの農家がこれに従い、土地を借りるなど大規模化に取り組んだ。しかし、コメの価格がそれ以前は60kg 15,000円程度だったものが採算ライン12,000円を割り込んでしまった。当初見込んでいた収入が得られず、大規模化に伴った大型農機や施設等の投資で大きな借金が過大な重荷となり困窮したのである。政府は大規模化を奨励したが、価格下落によるこのような困窮を予測できなかったのか、またはそのようなリスクを予め説明しなかったのか。

また、規模が大きくなったからといって、農地が飛び飛びに存在するのでは生産性はそれほど上がらない。過去の経験からも無理をして規模を大きくしようという意欲が無くなっている。大多数の２ha以下の農家への補助金はただでさえ少ないのに更に減額された。小さな田んぼを切り捨てれば４割以上の減産となり、日本農業が一気に衰退するであろう。

農地法が無ければ、切り捨てた土地が売りに出され、都市部の土地価格が暴落し、膨大な資産価値毀損により、大不況に陥る可能性すらある。

一方、アメリカのように飛行機で種を撒き、超大形コンバインで刈り取るようなことを日本のどこでできるというのか。それで競争力を高めよというのは、一体どこと競争して勝てというのか。ヨーロッパでも歴史的に農地の集約、大規模化という過程を経ているが、作物の違い、国土の平地の割合の高さ等、条件が異なり、同様にはならない。更に、ヨーロッパでもアジアやオーストラリア、東欧等から入ってくる安い農産物に苦しめられた歴史がある。

２．産業の発展と農業衰退の歴史

第２次大戦後、日本は戦後復興、そして高度成長を遂げた。この間、農村は都市へ労働者を供給し続けてきた。農村では機械化が進み、都市へ若者が流出した後も残った中高年層で農業を続けることが出来た。当時は食管法（食糧管理法、～1995年）があり、米価審議会という生産者代表、消費者代表、中間の立場（学者等）の代表等で構成する諮問機関があり、また、農協、政治家（族議員）などが介入し、生産者米価を決めていた。1996年までは60kg 20,000円を超える現在よりかなり高い価格で推移していたので、生産者はそれなりに所得を得ることが出来ていた。

昭和40年代頃から、農協さんツアーで日本の農家のおじさん、おばさんが海外旅行をするブームが来た。パリの街に小旗を持ったガイドを先頭に農家のおじさん、おばさんがぞろぞろと付いていく風景が印象に残っている。農業は食管法である程度守られていたのである。

しかし、消費者米価は都市の労働者の生活水準を勘案して設定していたので、政府は逆ザヤを背負うことになり、また、コメの増産と消費の停滞や減少でコメ余りが顕著になり、赤字財政と余剰米が膨らむこととなった。一方、生産者の中には一般のコメより美味しいコメを高く売りたい者も多くなり、消費者も美味しいコメを望むようになり、政府の管理外の自主流通米が横行してきた。

食管法を維持していくことが困難となるような矛盾と弊害が大きくなり、1995年に食管法が廃止された。これ以降、生産者米価は下落の一途をたどることとなった。また、需要減少に伴い減反政策が強化されていった。農業をしっかりと守るスキームが崩れたのである。

図1-2でみるように1993年に23,000円/60kgであった米価は2015年に13,000円程度となり、この間、農家は全体で収入が約1.6兆円減少した

図1-2　国内米価の変遷

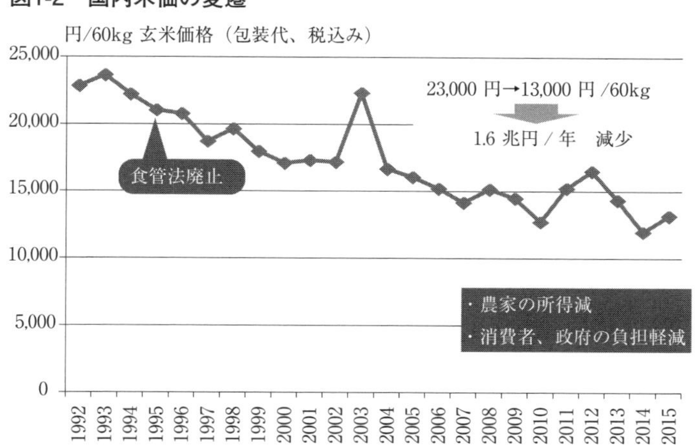

出所：農水省　「米をめぐる関係資料」、2018年

図1-3　国内 コメの生産量推移

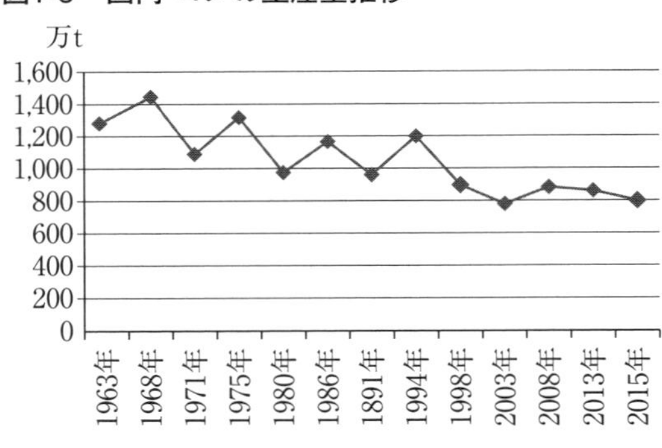

資料：農水省　「米をめぐる関係資料」、2018 年

のである。この1.6兆円は何処に行ってしまったのであろうか。流通業者か、消費者か、おそらく食管会計赤字をこの減収分で穴埋めしたのではないか。結果、価格支持という保護政策も無くなった。

また、**図1-3**のようにコメの生産量も1968年には1,400万ｔであったものが、2015年には800万ｔに減ってしまった。

一方、高度成長に伴い、大都市近郊の土地価格が上昇し、近郊農家は土地の切り売りで土地成金が増加した。市民は大金を手にした一握りの農民を見て、農業を守る必要性を感じなくなっていった面がある。ただ、大部分の都市から離れた農村は経済的に低迷し、人口流出により過疎へと突き進んだのである。

この間、GATTウルグアイラウンド（1986年～1994年）にて、農作物の自由化、低関税化、ミニマム・アクセス等の方向性が示された。コメについても市場開放を迫られたが、778％という高い関税設定で日本は国内のコメ市場を守った。

しかし、この頃から農業の生産性向上による競争力強化が必要と一部学者やマスコミが唱えるようになった。米国のコメは安いのに、日本の消費者は高いものを買わされているという見方である。また、工業製品の輸出において貿易摩擦の側面で障害と捉えられている面もある。農家にしてみれば、狭い日本の土地で生産性を上げよ、競争力を高めよと言われても、コメを単位面積当たりで２割も３割も増やすことが出来ないほど収穫量は既に収斂しているのである。相手は生物であり、工場の生産性向上とは条件が全く違うのである。

このことは欧米でも歴史的に似たような経験をしている。後述するが、欧米は試行錯誤の末、農業を直接支払う補助金で保護することにしたのである。日本の政治家はこのことを知っておきながら食管法廃止以降は、主に高い関税を中心とした保護に頼り、農家の所得が減少しても、放置したのである。

政府は農業補助金を拠出しているが、所得のせいぜい20％程度であり、所得を十分増やす内容ではない。農水省のその他の予算では、農地の整備費等の公共投資、つまり土木建設や、減反補助金、転作補助金等がある。農家は何故食管法廃止の時に、欧米のような補助金を出すよう要請しなかったのであろうか。

農協は相互扶助の精神のもとに農家の営農と生活を守り高め、よりよい社会を築くことを目的に組織された協同組合である。その農協は農家への十分なレベルの直接支払い補助金を主張しなかったのであろうか。或いは、主張したが政府の政策に盛り込まれなかったのか。長い目で見れば、農業が衰退すれば農協も衰退するはずであり、農協はこの時、もっと農業者全体を糾合し政府に迫るべきだったのではないか。迫ったが政府が動かなかったのか、この点私には分からない。

ただ、農協グループのJAバンクは約90兆円の貯金残高があり、JA共済の契約保有高は約300兆円あるので、農業関連事業で赤字が出ても、十分補填でき、グループ全体として経営は安定している。

一方、政府も欧米の農業保護政策を知っておきながら、何故補助金を相応に拡充しなかったのか。価格支持での消費者負担型から、補助金という税と政府負担型への切り替えができなかった。財源捻出、又は増税の壁を破れなかったと解するしかない。いずれも結局は国民負担ではあるのだが。

欧米でも農協があり、農業者の代表として政治的なロビー活動をし、また、政府も農業をしっかり活性化し、農作物を世界戦略の一つとして位置づけることにより、農業を保護、振興する体系が出来ている。日本は何故この道を選ばないのか。日本の農協にその機能と活動が欠けていたのか。

また、政治家が農業者の代表としてそういった主張を政治に反映しているのか。歴史的に、農業者の代表とされる政治家もいくつものハードル、つまり、自由貿易派、公共投資推進派、財政改革派、補助金はバラマキとする一般認識等々、を超えられず、今日に至っている。真に農業再生を推し進めることに見識と力のある政治家がいないように思う。

3．これまでの議論

国内の農業政策についての論議は主に２つの派に分かれている。農業保護派と自由貿易派である。**図1-4**のようにそれぞれの主張の対立があり、平行線をたどっている。自由貿易派は農業が衰退しても構わないと考えている。農業者の自己努力の結果そうなっても仕方がない、もしくは日本の食料自給率が下がってもやむを得ない、食料は世界のどこかから輸入できると考えている。私の考える意見の対立を**図1-4**に示す。

さて、国民はどのように考えているのか。私がこれまでいろんな場

図1-4　これまで何を議論してきたのか

農業保護派		自由貿易派
・食料自給率39%、日本は将来食料確保に困る。 ・国家の食料安全保障の問題だ。 ・安心、安全な食料が維持できるのか。 ・日本の田舎の衰退が止まらない。 ・欧米の農業は元気だ。国家として保護すべき。 ・農業には多面的機能がある。		・安い食料を買いたい。 ・食料は他国からいつでも買える。 ・工業品の輸出には自由貿易が必要。 ・日本農業はもっと競争力をつけよ。 ・農業保護はバラマキだ。 ・田畑が放棄されても自然回帰するだけ。

所でアンケートをとった結果では、約７割の人が自由貿易派の考えに賛成である。しかし、私が欧米の農業の補助金の実態等の話をした後では、そのようなことは知らなかったと言っている。また、大規模化して競争力を付けよという考え方には無理があると初めて理解した人が多い。

つまり、重要な背景や状況を知らずに、マスコミなどの論調をそのまま信じている人が圧倒的に多いのである。また、都市近郊で田畑を売って土地成金となった一握りの農民を見て、農家を保護する必要は無いと感じている人も多い。

最近はふるさと創生とか農業改革とか政策を打ち出しているが、農業を再生するような中身になっていない。農業が衰退すれば、地方の創生は無い。田舎は農業がベースとしてしっかり元気でいなければ、若者が残らないのである。農業で都市のサラリーマン並みに収入があれば田舎に残る若者が増えるに違いない。農業で稼いでベンツやレクサスを買ってもいいではないか。

第2章

欧米の農業との違い

1．西欧の農業

農業を保護し、活性化させるには、欧米のこの分野の歴史が大いに参考になるので、欧米の農業政策と農業の変遷のポイントをまとめておきたい。また、イギリスはECに加入前と後では食料自給率が40％から70％程度に増えており、参考になる国であるので、多く取り上げたい。

欧米諸国にとって農業は軍事、エネルギーと並んで国家存立の重要な柱の一つである。農業は基幹産業と位置付けている。

イギリスではマルサスが農業保護を主張し、1814年「穀物法」ができた（1815～1846年施行）。

マルサスは1798年「人口論」で人口が幾何級数的に増えても、食料供給は少しずつしか増えないとし、農業保護を唱えた。

穀物価格の高値維持を目的としており、地主貴族層の利益を保護した。しかし、安価な穀物の供給による労働者賃金の引き下げを主張した産業資本家を中心とする反穀物法同盟運動の結果、撤廃され自由貿易体制が確立した。その後、植民地や低開発国からの安い輸入農産品に押され国内農業が衰退し始めたので元に戻すことになっている。1800年代の産業革命を通して工業の発展に伴い、労働者が都市に移動していった。農村では労働力不足を招いたが、並行して農薬の開発や、農機具の発展等により農業の生産性向上が進んだ。

欧州の先進国では産業革命以降、都市の住民の所得が伸び、農村の所得が低いままとなり、格差が生まれた。また、相次ぐ戦争により、食料の安定確保が各国の重要な課題であった。農業の保護か自由貿易かの100年以上の長い論争を経て、現在のEUでは農業保護を基本とした政策をとり、この問題は決着している。

1950年代の欧州各国の農業政策は保護主義的性格が強かったので、1958年EECのメンバーであるフランス、西ドイツ、イタリア、オランダ、ベルギー、ルクセンブルグの6カ国がローマ条約を締結した中に共通の農業政策を盛り込んだ。この時のローマ条約第39条によると、共通農業政策の目標は、以下のとおりである。

(a)技術進歩の促進、および農業生産の合理的な発展とすべての生産諸要素、特に労働の最適利用の保証により農業の生産性向上をはかること。

(b)それにより、とくに農業に従事する人々の個人所得を増大させ、もって農業コミュニティに公正な生活水準を保証すること。

(c)市場の安定を図ること。

(d)供給を確実にすること。

(e)農産物が合理的な価格で消費者に届くよう保証すること。

そして1962年にローマ条約を基にしたCAP（共通農業政策、Common Agricultural Policy）が導入された。それまでの6カ国の農業経営者の所得は同国経済の他部門労働者に対し、オランダで75%、イタリアで38%、その他はほぼ50%であった。各国で農業の助成が行われていたが、この格差を同じ考え方で縮めるようにしたのである[1)]。

その後、1967年のEC発足、1992年のEU発足に変容しながらも引き継がれていった。ローマ条約に規定された安定的な域内市場を実現するために、域内における農産物の自由移動、共通価格、品目毎に規格化された統制機関の設置、およびEC以外の国々からの輸入に対する統一関税障壁の設定という４つの原則を基本として、広範な農業支持制度が作られた。

CAPがフル稼働する1969年には、農業支持は目標価格制度によって運営されるようになった。穀物、肉畜、乳製品および畜産物を対象に基本目標価格が設定された。域内目標価格は、輸入課徴金ないし関税を調整して適用することによって維持されることになっていた。課徴金は、事前に決められた限度価格まで自動的に輸入価格を引き上げるのである。農業支持費用の一部はこれらの課徴金収入によって賄われ、不足分をEC予算からの直接財源で補っていた。域内供給が過剰の場合には、余剰農産物の介入買い上げと保管によって価格が維持された。

これ以降、さまざまな矛盾と困難が発生する。過剰な在庫、在庫処分として輸出補助金を付けた海外への輸出や家畜飼料向けでの処分、個別品目内の品質差の扱い、1971年に固定為替制から変動通貨制への転換による国境調整金の導入等、一種の統制経済下での取り繕い的な政策をとらざるを得なくなった。

1973年にイギリスはECに加盟した。５年間の移行期間の後、全面的にECの管轄下に入った。イギリスは農産物価格支持制度と助成金政策の導入により食料自給率は上昇に転じた。一方、これにより農地の地価の大幅上昇を引き起こした。

ローマ条約は、農業の社会的構造とその地域的不均衡に注意を払うべきだと規定していた。1975年には、条件不利地域に指定された貧しい地域の営農活動を支援することを目的とする政策が採択された。

イギリスではペニン山脈（北イングランド）やスコットランド北部の高地、島嶼部、ウエールズの一部といった高地や山岳地域からなる。これらの地域において存続可能な農村経済や村落の活動を維持できるかどうかは農業部門の繁栄いかんにかかっていた。1984年には、EC合意により、さらに100万haの限界地が条件不利地域に認定され、条件不利地域はイギリス全体の48％にのぼった。この他、これらの貧困地域に適用される農場景観保全助成事業による補助は、たとえば伝統的な農場の建物や石壁といった建造物の改良を助成するものであった。これらの施策は全体として農業保有地の合併を促進し、大規模耕作をめざす近隣農業経営者による隣接地の取得を促した。この種の合理化は、農業支持制度の結果であるとともに、長期的には規模の経済の恩恵を受ける営農単位が大規模化する傾向を示した。

条件不利地域指定は経済的に脆弱な農業依存地域における地域問題を緩和するうえで重要である。価格支持メカニズムについては、農業生産者の受取額を消費者の支払い価格から切り離す介入は、経済計算に混乱を持ち込む。価格支持が地価と資材価格の高騰の弊害を生むという欠点がある。消費者は、EC域内での割高な食料価格、納税者の負担増といった不利益を被った。

EC農業支持政策の悪影響に対する世論の関心が高まっていった。環境や生態系への配慮を犠牲にして集約化と増産をした結果、過剰生産と支持コストの上昇という問題が大きくなり、生産の再調整と合理化が緊急課題となった。1983年には、ECの財政支出総額の70％がCAP向けで、その70％が酪農部門に投入されるようになっていった[2)]。

その後、CAPはこのような問題に対し、1992年以来、様々な改革が行われた。以下農水省ホームページ（2014年「EUの農業政策」）より。

(a)1992年改革

生産過剰、輸出補助金等の負担の増大、ウルグアイラウンド農業交渉（輸出補助金の削減、助成合計量の削減）への対応

①支持価格の引下げ

②支持価格引き下げ分を補償する措置として、直接支払いを導入

③直接支払いの受給要件として休耕を義務付け

(b)1999年改革

中東欧諸国のEU加盟に備え、EU農業の国際競争力（特に価格競争力）の強化

①価格支持から直接支払いへのシフト強化

②農村振興政策の強化（CAPの第２の柱として確立）

③直接支払い予算を削減し、農村振興政策予算に財源を移転するモジュレーションの導入（加盟国の判断により実施）

(c)2003年改革

WTO農業交渉への対応

①単一直接支払いの導入

②支払いを生産と切り離し、2000年から2002年までの受給実績を基に支払い（デカップリング）

③価格支持のさらなる削減と直接支払いの拡充

(d)2008年改革（ヘルスチェック）

①直接支払いは原則として2010年から生産リンク支払いを廃止（デカップリングの徹底）

②義務的休耕の廃止

③価格支持（市場介入）の縮小

(e)2013年改革

財政削減、農業の公共財としての役割強化、直接支払いの格差是正

①直接支払い制度の全面的見直し（環境要件の強化等）
　各国の直接支払い予算のうち３割はグリーニング支払いに配分、農家はそれを上回る環境要件（作付品目の多様化、環境重点用地の設定、永年草地維持等）の順守が義務付けられた。
②加盟国間の直接支払いの単価の不均衡の是正
③農業振興政策における環境対策の強化

以上のようにCAPは段階的に価格支持政策→補助金直接支払いへ移行し、また、補助金の目的をWTOに合わせ、環境要件等の多面的機能維持にシフトしていった。

EUのホームページ（2009年）をみると、2009年のEUの全予算のうち農業に対する拠出予算は42％である。この部分はNatural Resourcesと分類しPromoting Sustainable Development of Rural Communitiesとして、農業、環境の分野で地方のコミュニティの持続的な発展を推進する位置づけである。これは当時の為替レートで7.2兆円になる。同様に同年のEUのGDPは1,046兆円であるので、対GDP比は0.69％になる。農業保護だけに絞ると31％、5.3兆円、対GDP比0.51％である。環境部分は農家への補助金も含まれると考える。後述するが私が農水省予算から試算した日本の農業補助金の対GDP比は0.14％と、かなり少ない。

この間、EUの農業は手厚い保護のもと発展してきた。

欧米の農業がいかに活力があるかの例であるが、ドイツ・ハノーバーの広大なメッセにてアグリテクニカ（AGRITECHNICA）という巨大な農業機械展が２年に１回開かれる。世界中の農業機械メーカーとその関連の機器メーカーが集まり、25会場前後の会場に所狭しと農業機械や関連機器が展示される。私も訪れたことがあるが、自動車の東京モーターショーよりはるかに規模が大きい。世界中から農業機械メーカー、関連機器メーカー、農業者とその家族、ディーラー、関連団体、一般客等40～50万人が訪れ、熱気あふれる展示会である。巨大なトラクターには多くの大人も子供も順番を待って乗り、嬉々としてハンドルを動かす。皆楽しそうだった。

また、機械の種類も大変多く、見たこともない山の様な巨大な機械があった。芋掘り機だった。

あるアメリカの大手農機メーカーは自社のブースで最新型の大型トラクターを展示し、その前に女性のコンパニオンが10名程立ち、アピールしていた。華やかで、活気ある雰囲気だ。

欧米の農業を象徴する光景である。

日本の農機メーカーも出展しているがエンジンが主体で、ブースの面積も欧米の大手メーカーと比べるとかなり小さい。

片や日本国内では大手メーカー毎にこぢんまりとした展示会を開催しているが、天地の差がある。

2．アメリカの農業

アメリカの1農場当たりの平均面積は2002年で平均178haである。ただ、100エーカー（約40.5ha）未満の農場は数では全体の51％であるが、平均面積は15haとアメリカでは零細である。一方100エーカー以上の農場数は49％であるが、平均面積は351haと大きく、二重構造となっている。以下は1862年ホームステッド法が制定され、未開発の土地1区画160エーカー（約65ha）を無償で払い下げるものである。この法律はエイブラハム・リンカーンによって施行された。21歳以上でそこで住居を構え最低5年間は農業を行ったという実績が必要であった。

ホームステッド法は1986年まで続き、160万件、108万km^2（アメリカ国土の約10％）に達した。アメリカで農業補助金が初めて制度化されたのは1933年に制定された農業調整法による。それは大恐慌の時代にあってフランクリン・ルーズベルト大統領が取り組んだニューディール政策の一環として位置づけられた。そのときは市場経済の大混乱さなかにあり、農業も自然災害が加わって未曾有の危機にあった。農業補助金制度はこうした危機克服のために生産調整制度と共に創設された。

それが、一旦創設されてしまうと市場経済が回復し、農業危機を乗り越えてからもその制度は存続した。その後、農業補助金制度はその時々の農業問題を解決する手段として利用されるようになった。農業補助金の支出額は増加し、その存在に対して納税者たる一般市民からの批判が高まることになった。農業補助金の中でも環境保全プログラムについては、市場経済に任せておくと悪化する恐れのある土壌保全、水質保全、生物の多様性維持等の問題を抱えており、これは重要な社会問題とみなされているから、その存在意義に対しての批判論調はみられない。

1996年農業法は生産者に課せられていた作付制限のほとんどを撤廃した。目標価格、作付制限プログラムを廃止する一方、生産自由化契約に基づいて農場への直接支払い制度を導入したのである。

生産者にしてみれば生産調整というコストがなくなり、それでも補助金は従来通り受給できるという一挙両得となった。そうして補助金受給は農場の既得権益と化していった。

基準面積という過去の実績さえあれば、何もしなくても補助金がもらえるのである。このような不自然な補助金は農業に大きな歪みを引き起こした。例えば、農地を貸しつけようとすると地権者は通常の地代に加えて、既得権益たる補助金部分を要求し地代に上乗せすること

表2-1　米国の政府補助金（2005年）

専業平均所得
2011万円/年
（＄＝120円）

零細も保護

全農場数：311 万

受給ランク	受給農場シェア％	補助金シェア％	平均受給額ドル／農場	補助金割合％	合計平均農業所得割合ドル／農場	
1～24,999 ドル	81.3	25.9	5,709	32.9	208 万円	17,353
25,000～49,999 ドル	9.1	17.7	35,008	38.7		90,460
50,000～74,999 ドル	4.1	13.7	59,214	40.5		146,207
75,000～99,999 ドル	2.6	12.6	87,218	42.8	58 万戸	203,780
100,000～144,999 ドル	1.5	10.5	121,381	39.3		308,858
150,000 ドル以上	1.3	19.7	267,824	49.7		538,881

作物	受給農場シェア％	補助金シェア％	平均受給額ドル／農場	補助金割合％	合計平均農業所得割合ドル／農場
現金穀物	6.7	14.5	35,308	53.9	65,506
小麦	3.5	4.8	23,340	63.5	36,765
コーン	9.7	24	42,428	55.8	76,036
大豆	8.6	9.6	18,275	40.5	45,123
肉用牛	28	13.3	2,923	37.2	7,858
酪農	5.5	4.2	10,432	10.7	97,495

注：その他各種補助制度有り
出所：斎藤潔『アメリカ農業を読む』農林統計出版より計算。

になる。その分当該農地の資産価値を引き上げることを意味した[3)]。

アメリカでは2008年に農業団体の圧力のもとに議会が大統領の拒否権を乗り越えて成立させた「2008年農業法」は「2002年農業法」の「価格支持融資制度」、「直接固定支払い」、「価格変動対応型直接支払い」の３本柱からなる経営安定対策の基本的枠組みを維持するものであった。

アメリカは、①輸出市場確保のために輸入国農産物市場の開放と、②過剰生産抑制のための農産物価格支持政策の抑制・国内農業支持の削減とを、「WTO基準」にすることを主導した。ところが、そのアメリカが世界穀物農業で最優位の位置に立ち、輸入国には市場開放を強要する一方で、国内農業支持削減を国内政治が許さないという二重基準、すなわち自らが国際社会に強制した「WTO基準」からの逸脱を避けられないということである[4)]。

表2-1の様に、把握できた補助金の内容では、零細とみられるゾーンの補助金でも208万円/年であり、専業とみられるゾーンの所得が2,011万円、その40～50％が補助金である。零細な農家はサラリーマン収入が主体のもの、リタイアして年金をもらいながら趣味で農業をするもの等、貧しいものではなく、農業は豊かな人生を送る手段となっている。

3．欧米の小麦輸出

もう一つ重要な側面がある。欧米の各国は**図2-1**に示した通り、小麦を輸出していることである。国内の消費以上に生産し、国際的な価格で輸出している。国内価格を国際価格並みに低く抑え輸出できるようにし、輸出補助金を出していた。これが、世界の貿易を歪め、いろんな摩擦や、新興国の農業にダメージを与えること等が問題となり、WTOができるに至った。欧米はWTO発行以降ルールに抵触しないよ

図2-1　小麦の生産、輸出入、国内供給量 2011年

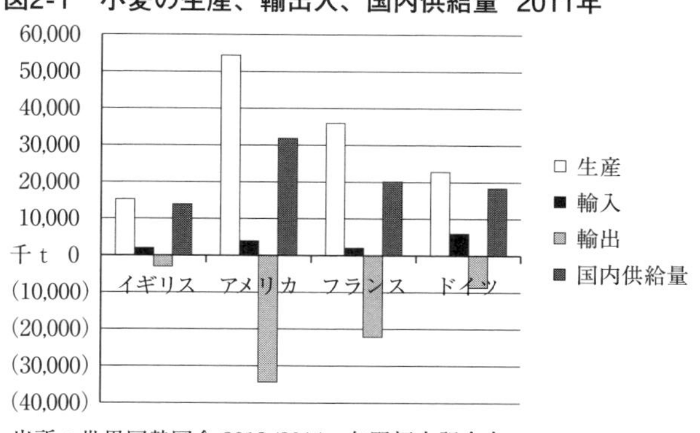

出所：世界国勢図会 2013/2014、矢野恒太記念会

う、農業の多面的機能を目的とした補助金等の理由づけにシフトしているのである。これにより、生産者は安心して生産でき、所得の保証を得ている。また、これにより食料自給率も高い。つまり、あふれるほど生産し、輸出で調整することにより、農業と、地方と、食料安保等を守っているのである。フランスで生産する小麦がオーストラリアやカナダ、ウクライナで生産する小麦と同じ原価であるはずがない。

欧米共、農業補助金でのさまざまな矛盾、非合理性、市場価格の歪み、等のデメリットがありながら、補助金の姿を変化させつつ規模は減らさず、存続をし続けていることは、農業を国家の大事な基幹産業と位置付けているからに他ならない。農家以外の市民がそのデメリットを批判しながらも、完全廃止等を主張するのではなく、大勢として存続そのものについては認めていることは事実である。これは、基本的に農業は農産物生産という機能以外に、多くの多面的機能を国民がある程度理解し、大きな規模の補助金を許容していることに他ならない。

欧米の農業は単に補助金で成り立つのではなく、農器具、施設、農薬、肥料、品種改良、輪菜式農業、個別農法等生産性向上も進展させてきた。それでも足りないので大きな補助金を出している。日本も同様に生産性向上を進展させた。しかし、日本の補助金は欧米に比べ規模が小さい。食管法廃止で価格維持も崩れ、主に関税で守るという方策をとってきたが、衰退が止まっていない。食管法は価格支持政策に近く、欧米も歩んできた道である。しかし、欧米は直接支払いに移行して農業を活性化・維持させたが、日本は食管法廃止で価格支持が崩れた後は、直接支払いを避けた。

補助金は国民の意識や、財政の問題から難しく、大規模化や、６次産業化で対応しようとしている。これで衰退が止まるとは考えられない。欧米も農業＋αの取組も奨励しているが、それがメインの政策ではない。メインは補助金である。日本のように少しの補助金しか出さず、６次産業化や大規模化等の農家にお金を貸してあげるから頑張れという政策で農業が活性化し、食料自給率70％以上を保っている先進国は無い。補助金を欧米並みに出すというハードルの高い取組から逃げているように見える。農業再生という道筋の無い政策を次から次に編み出しては食料自給率向上の成果を上げられず、食管法廃止から20年以上過ぎた。この間、投入した予算と労力は膨大なものであり、また、多くの農家が翻弄され、田舎は取り返しがつかないほど衰退してきている。

４．コメの価格と補助金

図2-2の様に、アメリカのコメは広大な農地の為経費が低く、更に補助金が多く出る。売価を低くしても所得が高い。これを日本は778％の関税で守っている。関税が無ければ公正な貿易ではない。一方、中国のコメは貧しい農家の低い所得により安いから、同様に関税で

図2-2　コメの価格イメージ

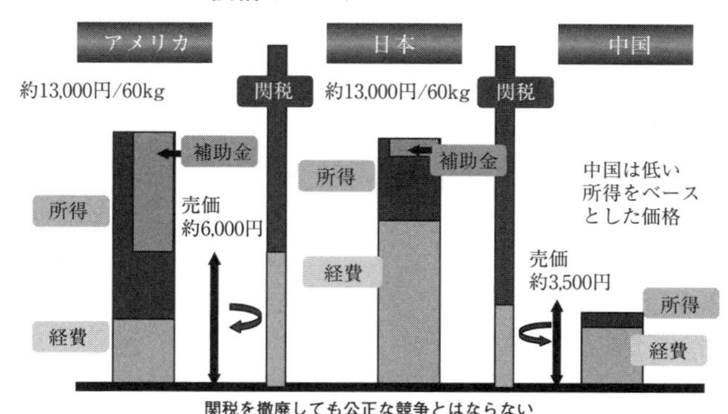

出所：筆者がイメージとして作成

表 2-2　耕作地面積別所得（水田作）2016 年

千円

区分		平均	0.5ha 未満	2.0〜3.0ha	3.0〜5.0ha	5.0ha 以上平均
農業所得		,626	△67	1,122	2,076	6,759
農業粗収益		2,658	550	3,854	6,354	19,609
うち	うち共済・補助金等受取金	517	41	587	992	5,950
	米の直接支払交付金	76	10	123	195	545
	水田活用の直接支払交付金	261	24	319	486	2,957
	畑作物の直接支払交付金	89	–	25	60	1,583
農業経営費		2,032	617	2,732	4,278	12,850
農業生産関連事業所得		2	0	12	-	11
農外所得		1,563	1,673	1,540	1,771	1,007
年金等の収入		2,270	2,732	1,569	1,766	1,198
総所得		4,461	4,338	4,243	5,613	8,975
共済・補助金等受取金を除く所得		3,944	4,297	3,656	4,621	3,025

資料：農水省 HP、農業経営統計調査水田作経営（経営全体）、経営の概況と分析指標、2018 年

守っている。競争力をつけなさいという論はこのことを知らない人々か、知っていてあえて知らそうとしない人々である。

表2-2の耕作地面積別所得表（水田作）では５ha以下の農家数が全体の94％を占め、その所得は補助金を含めて一戸当たり560万円以下、且つ、年金をもらっていない世代はさらに低い。同世代の共稼ぎサラリーマン家庭よりも大幅に少なくなる。５ha以上では補助金が600万円程でている。これは大規模化した農家に手厚く補助金を出す為である。補助金を除くと５ha以上の方が所得が少なくなり、成り立たない。もし、日本でも零細農家から大規模農家まで十分な補助金が出て、農業でも、または、農業兼業でも都市並みに所得があるとすれば、若者は田舎に移り、自然の中で、農業を楽しみながら、生きがいをもって暮らすことを選択するのではないか。

そうなれば、もっと規模を大きくしようとか、農業＋αをしようとか、新たな取組が自主的に生まれ、自然に大規模化、農業の再生が進

表2-3　農業経営体の内訳（2010）

経営耕地面積規模別 千戸		農業経営組織別（農業経営体のうち家族経営） 経営体	
1.0ha未満	900.3	単一経営	1,357,149
1.0～3.0ha	551.4	稲作	909,151
3.0～5.0ha	89.1	果樹類	147,337
5.0～10.0ha	49.8	野菜	132,882
10.0～20.0ha	20.9	工芸農産物	44,433
20.0～30.0ha	7.6	花き・花木	32,115
30.0～50.0ha	6.9	肉用牛	28,245
50ha以上	5.1	酪農	20,860
農業経営体計	1,631.3	準単一複合経営	298,192
		稲作	114,629
零細・稲作農家が中心		野菜	41,113
		複合経営	92,619
		家族経営計	1,981,283

出所：『日本国勢図会』矢野恒太記念会

んでいくであろう。

表2-3では、農家の戸数は小規模農家が大半であることと、稲作農家が大半であることが分かる。これからもコメを何とかしないといけないことが分かる。

ただ、次の問題が待っている。コメの過剰生産の問題である。日本ではコメの消費が減少している。基幹作物であるコメをいかに輸出するかが最大のポイントの一つである。これは次章で述べたい。

注

1）ジョン・マーチン（溝手芳計・村田武監訳）『現代イギリス農業の成立と農政』筑波書房、2002年、pp.173-175
2）1）に同じ。
3）斎藤潔『アメリカ農業を読む』農林統計出版、2009年、pp.78-82
4）3）に同じ。

第3章

コメの位置づけ

日本の農業の中で最重要な作物はコメである。消費量は減っても、日本人の主食であり、**図3-1**のように全国の耕作地の58%は稲であり、日本人の摂取カロリーの国内自給の58%がコメである。小麦やトウモロコシより日本の気候、風土に適している。食事の種類でもやはり和食、中華、洋食の中にコメが取り入れられている割合が高い。

しかしながら、コメは生産額で言うと**表3-1**のように2014年農業総生産額8.4兆円の内の1.4兆円（17%）と少ない。

また、**図1-3**で示したが、1995年に食管法廃止以来、コメの価格が

図3-1　農産物作付面積

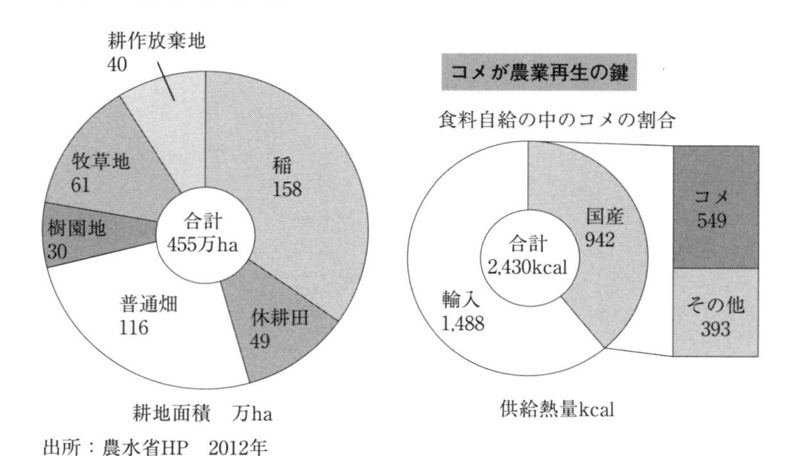

出所：農水省HP　2012年

表 3-1　農業総産出額及び生産農業所得の推移

年度	農業総産出額	（兆円）米	構成比（%）米	野菜	果実	畜産	その他	農業所得（兆円）
1985	11.6	3.8	33	18	8	28	13	4.4
1990	11.5	3.2	28	23	9	27	13	4.8
1995	10.4	3.2	30	23	9	24	14	4.6
2000	9.1	2.3	25	23	9	27	16	3.6
2005	8.5	1.9	23	24	9	29	15	3.2
2010	8.1	1.6	19	28	9	31	13	2.8
2014	8.4	1.4	17	27	9	35	12	2.8

出所：農水省 生産農業所得統計
http://www.maff.go.jp/j/wpaper/w_maff/h27/h27_h/trend/part1/chap2/c2_0_01.html

低下し続けていて、コメから得られる収入がこの20年間で約1.6兆円失われている。見方を変えれば20年で全農家の資産が約16兆円失われたのである。

一方、**図3-2**のように国内のコメの消費が減少し続けている。日本人の食事が多様化し、コメの割合が減少している。政府は減反政策で需給を調整してきた。また、他作物への転作を推進してきている。転作対象作物として大豆、飼料米等があるが、コメとの価格差を政府が補助する仕組みとなっている。しかし、それらは、コメと比べると価格は安く、その補助金は効率の悪い補助の仕方である。大豆は国内産のブランドとして一部高く売れるというメリットはあるが、安価な輸入品に押されて、大きな需要とはなっていない。2016年では国内産24万ｔ、輸入量313万ｔである。

では、野菜にどんどんと転作した場合はどうかというと、ただでさえ野菜の価格は豊作、凶作の間で大きく変動し、農家の経営を不安定なものにしているところへ、国内需要を大きく上回れば価格は下落し、共倒れになりかねない。では、どうすればよいか。コメの海外輸出か、ODAしかない。コメ、野菜、果物は一部高級食品としての輸出は可

図 3-2　コメの年間 1 人あたり消費量の推移（kg 精米）

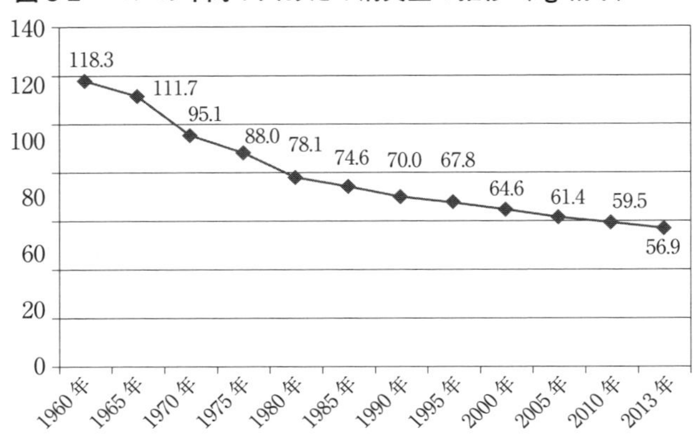

出所：農水省 HP「米をめぐる状況について」（2015 年 3 月）より編集。

能であるが、大きな市場ではない。もし大きければ既に輸出が十分大きくなっているはずである。また、野菜の生産を増やしても、カロリーベースの食料自給率への貢献は小さい。

ただでさえ日本のコメは高いのに海外で売れるのか。筆者は欧米やアジア諸国でコメを食したが、日本のコメが間違いなく最も美味しいと思う。ビジネスの同僚や知人等も同意見である。これは来日した中国人や韓国人からもよく聞く。ビジネスでの知人であり韓国系のシアトル在住のアメリカ人の夫妻も日本のコメはふくよかで、なめらかで、もっちりしていて非常に美味しいと言っている。日本の会社に働きに来ている中国人は寮の食事で日本のご飯が美味しいから、ご飯を大量に食べるともよく聞く。アメリカやドイツの企業から来日したアメリカ人や、ドイツ人も寿司で慣れているせいか、日本の懐石料理が大変美味しく、ご飯も美味しいとよく言ってくれる。彼らは箸を上手に使う。箸の文化には慣れている欧米人が多い。アメリカのカリフォルニア米も美味しいという評価であるが、アメリカに赴任した同僚もカリフォルニア米で上質のコメはまずまず美味しいが、冷えると日本米の美味しさにはかなわないと言っている。おにぎりは日本米にかぎる。

チャーハンやパエリア等のように調理するコメはコメ本来の味のウエイトは少ないが、ご飯や、寿司、おにぎり等のようにコメそのものを味わって食べる料理はコメが美味しい必要性がある。和食文化はコメ本来の味を活かしたものであり、脈々と幅広く息づいている。その和食文化の一部が世界で好まれており、それが地域と種類の広がりをもって拡大している。寿司はもう世界に普通に溶け込んでいる。

また、海外の和食レストランも数多い。しかし、純和風は値段が高いので日常的に食する一般的なものとはなっていない。

近年、コメの輸出が少し増加している。それは値段が高くても構わない海外の富裕層向けであり、全体から見るとまだ微小である。せいぜい年間800万ｔの内1.2万ｔ程度である[1)]。しかし、もし、日本のコメが現地の上質米と同等の価格であれば、輸出が大幅に増えることが予想される。

欧米は昔から、肉類、酪農食品のウエイトが高く、油濃く、高カロリーな食品の取り過ぎ等により成人病に罹り易い。太り過ぎの人の割合が高い。中間層以上の人々は日本食が低カロリーで美味しいと知っていて、時々寿司等日本食を食べている。しかし、ちゃんとした日本食は高く、庶民が日常的に食べるまでには至らない。

また、安い日本食は中国系や、韓国系等の移民の人々が経営している場合が多く、現地の安いコメ等を用い、それほど美味しくないので、これもそれほど一般化していない。日本のコメで、日本の本来の料理方法で作り、それがリーズナブルな価格であれば、一気に一般化し、大きな需要となるはずである。

筆者がロンドンのスーパーマーケットで買ったパック入りの寿司は

まずかった。また、アメリカのスーパーの寿司コーナーで並んでいた寿司は日本のものとは違い、上にチーズや肉等がバラエティ豊かに、派手な盛り付けで並んでいて、さながら和洋折衷寿司と感じさせるものであったが、美味しいものではなかった。欧米の庶民は本当に美味しい日本食をあまり知らないのである。

ただ、世界の国々にはその地域、民族の独特の食文化がある。肉や乳製品、小麦を中心とした欧米の食文化、東南アジアのインディカ米を調理した料理の文化、中南米の肉やトウモロコシ、小麦を中心とした食文化等、それぞれの地域の食に日本食がとってかわることは無いと思う。しかし、どの地域も他の国や地域から少しずつでも食文化を取り入れてきている。寿司だけではなく、中華料理、エスニック料理等、美味しいと感じられるものは徐々に受け入れられてきている。日本米を中心とした料理も可能性が大いにあると思う。

コメを安く輸出すること、コメを中心とした美味しい日本食を海外で普及させることが重要なポイントである。コメを安く輸出するには相応の輸出補助金にあたる補助金を出す必要がある。欧米は長年そのような補助金を出している。それが問題となりWTOができたのであるが。

日本農業の再生はコメの輸出が最も重要な鍵であり、これ以外に有効な策が無いと言っても過言ではない。500万ｔのコメを増産し輸出することにより、食料自給率39％→53％となる（**図3-1**にてコメの供給熱量をその比率で増加させた計算による）。食料自給率を70％程度に高めたいが、肉、乳製品等はその餌となる小麦やトウモロコシ等の大半を輸入品で賄っている、また、豆腐、納豆等の原料の大豆も大半を輸入に頼っているので、食料自給率の押し上げには限度がある。自給率を上げるのが最終目標ではなく、日本の農業の再生と田舎の再生が最も重要な目標である。

もともと、日本の土地は人口に比べて平地が狭く、肉や乳製品等を多く食べるようになってきたので、1960年代の自給率70％台には戻れない。

コメ500万ｔの増産に必要な土地は現在の休耕田、耕作放棄地等の活用を復活させることにより可能である。

十分な補助金と合わせ、耕作面積を増やした主業農家の所得が都市の所得に近づき、若者が農業、田舎に移っていく。休耕田、耕作放棄地が回復する。自ずと大規模化が進む。田舎に活力が戻る。

美味しい日本食の普及方法としては、政府が政策として、

・世界の主な都市に日本食料理学校を設置する。
・日本食の紹介、料理方法の本を出版する。
・テレビ、インターネット等のメディアに日本食をPRする。
・ミシュランがレストランを評価して☆の数で公表しているように、海外の日本食レストランを日本のしかるべき機関が評価して☆の数で公表する。
・上記で評価された日本食レストランには日本のコメを通常より安く提供する。

等の方策が考えられる。いずれにしても、コストのかかる案であるが、現状の国内農政にかけている効率の悪い予算を振り向ければよい。農地のコンクリート化等の公共投資や稲作から飼料米、その他作物への転作等での補助金等がそれにあたる。

日本のコメと海外のスーパーマーケットで売られている現地生産のジャポニカ米の価格を筆者及び、知人を通じて調べた結果を**図3-3**で示す。

日本の米を３割程度下げれば海外でも十分売れるのではないか。あ

図3-3　各国・米小売り価格レベル　円/5kg　2012年調査

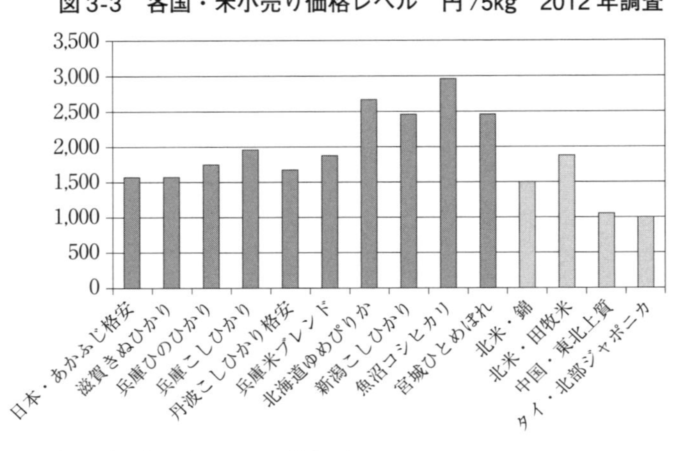

出所：現地調査及びヒアリング調査より

るコメ、穀物等の大手卸売会社はアメリカでおにぎりの販売を手掛けたが、売れなかった。試食段階では多くの人が、美味しいと言っていたが、実際は価格が高くなり、売れなかった。もし、３割程度安くできれば売れるはずとしている。

一方、ODAで新興国に無償でコメを送ることも有力である。世界で10億人が飢えていると言われている。

ODAで道路や港湾施設等を作るのも良いが、貧しい人々にコメを支援しつつ、美味しいコメの味を知ってもらうと同時に、そのコメの作り方を含む農業指導により、現地でのコメ栽培を育てていき、自立できるよう支援することが本当のODAとなるのであろう。

日本は過去にJICAを通じてエジプトに稲作を教えてきた歴史がある。コメの生産量は2011年で日本が840万ｔ、エジプトが568万ｔと日本の約68％も生産している[2)]。エジプトの人口は2015年現在約9,150万人であるので人口比では日本と同じ程度の生産量といえる。

エジプトが食糧不足を解消するために検討した結果、1980年代から日本に稲作を教えてもらうことを選択したことから始まった。営農技術、機械化、品種改良等日本から多くの専門家が指導に行った。これによりエジプトのコメの８割がジャポニカ米である。インディカ米も少しあるが、ジャポニカ米の方が美味しいとして値段も高いので、殆どの農家はジャポニカ米を生産している。東南アジア、中近東はインディカ米が主流である中、エジプトだけは特別である。エジプトは大変暑く雨の少ない砂漠地域が広がっているが、ナイル川流域は豊富な水量があり、灌漑を進めることにより、コメが多く作られるようになった。

このことは、中近東、東南アジアのインディカ米中心の食文化の中に、ジャポニカ米の日本食が入り込める可能性があることを示している。

注

１）農水省「農林水産物・食品の輸出実績」品目別輸出実績　平成29年計 http://www.maff.go.jp/j/shokusan/export/e_info/attach/pdf/zisseki-131.pdf

２）『世界国勢図会　2013/14年版』矢野恒太記念会

第4章

世界の人口増加と食糧供給

世界の人口は2015年73億人から2030年には85億人、2050年には97億人に達すると推定されている[1)]。食料供給は大丈夫であろうか。

人口が1割アップした場合、食糧は1割アップで済むのかというと、そうではない。**図4-1**のように発展途上国の発展に伴い、爆食化、食糧の無駄使い等も含め、3割アップしているのである。

世界の人間が何をどれだけ食べているかを**図4-2**に示す。アジア系

図4-1　世界の穀物生産量と人口の推移

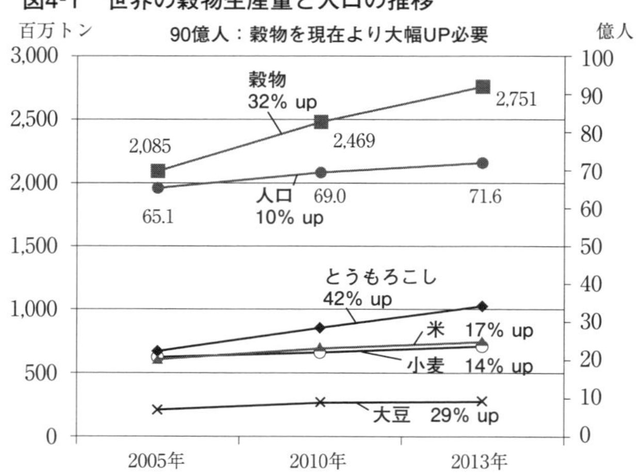

出所：日本国勢図会より編集（矢野恒太記念会）

図4-2　人間は何を食べているか（国際比較）

1人1日当り食糧供給（Kcal/日）2003～2005年平均

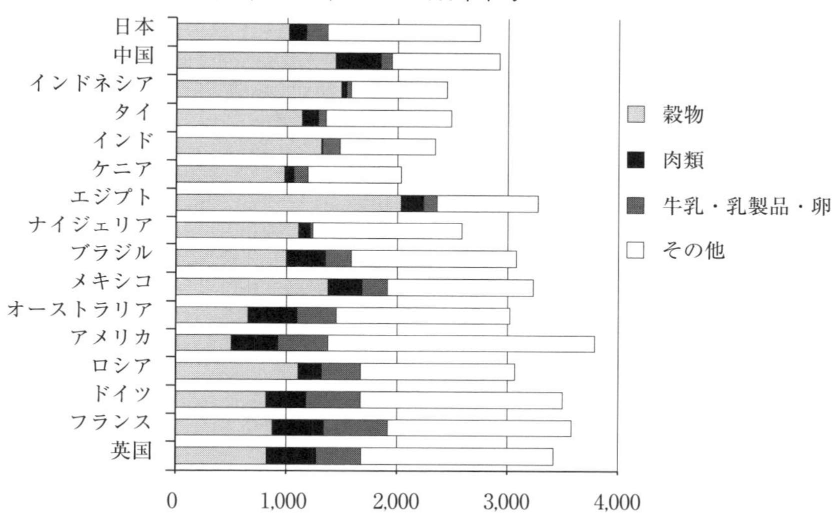

出所　FAOSTAT（"Food Supply",2010.1.13）より編集

に対し欧米系は穀物が少ない代わりに肉類、乳製品、油脂類が多く、摂取カロリーも多い。ケニヤ等の開発途上国は摂取カロリーが少ない。アジア系はその中間の傾向である。実は、牛肉１kgの生産に必要な穀物は11kg、と言われている。肉類、乳製品、動物性油脂の生産には多くの穀物が必要である。動物の餌として小麦やトウモロコシが使われている。つまり、中国、中南米や欧米の食事はより多くの穀物と、それを採る広い農地が必要となる。全摂取カロリーの75％以上は穀物がベースと言える。つまり、地球上でいかに穀物が採れるかで養える人口が見えてくる。

人口が90億人になった場合、今のままの食糧需給では、穀物を７割近く増産しなければならない。現在、ただでさえ世界で10億人が飢えているというのに、人類の未来は大丈夫であろうか。

図 4-3　穀物の国際価格の推移（US ドル / トン）

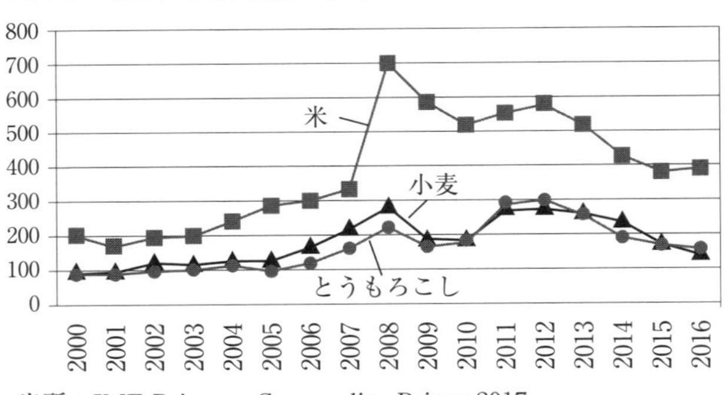

出所：IMF Primary Commodity Prices 2017

この議論には、大きく２つの説がある。一つはこのままでは食糧危機がくるのではないかという説[2)]。もう一つは現在でも需要に合わせて増産しており、今後も90億人程度であれば地球は十分増産できるという説である[3)]。

しかし、気候変動による乾燥地域増大や天候不順、自然災害、発展途上国の発展段階における爆食化、食糧残渣の増大、農地の工業用地、商業用地、住宅等への転用、トウモロコシをバイオ燃料に利用、豊かさを求めて農業放棄、等のリスク要因を考えれば、食糧確保を人類の課題としてとらえ、その対策を講じておく必要があるのではないか。

近年、農作物の国際貿易において、天候不順や干ばつ等の影響と、農作物を金融商品としての投機対象化等により、その価格は**図4-3**のように上昇している。貧しい国々や貧しい人々は食糧の確保が大きな問題となっている。チュニジアから始まった中東のジャスミン革命は底流に国民が食べることに瀕してきたことがある。十分な供給量により、貧しい国でも買える価格でなければ政情不安が起きるリスクが高まる。基幹食糧が投機対象にならないようにしなければならない。何もしないで食糧の将来は大丈夫というのは無責任である。

世界３大穀物のうち、コメは小麦より養える人口がはるかに多い。これは、コメの１ha当たり収量世界平均が4.5ｔ、小麦が3.3ｔと1.4倍[1)]。また、小麦は連作障害があるので毎年収穫は難しい。小麦を収穫した次の年は牧草にして牛を飼う、又は菜種を植えて油をとる、そのほか根菜類を育てる等、混合農業、又は輪栽式農業とし、３～４年に１回小麦を育てる方法をとっている。更に、小麦の精白（小麦粉にする）率は60％余り、コメの玄米からの精米率は90％強と約1.5倍。これらを掛け合わせると６倍以上になるという訳だ。

現に、アジアの人口密度が欧米より高いのはコメを主食としているからとも言える。但し、コメの栽培には多くの水が要る。多雨地域か、大河の流域が条件となる。世界を見渡せば、小麦やトウモロコシの産地でも、ミシシッピ川、ラプラタ川、アマゾン川、ドナウ川、ザンベジ川、コンゴ川、ニジェール川等ではコメへの転作が可能な地域であり、世界の小麦の生産面積の15％をコメに転換すれば90億人を養える量になるという計算だ。それも、インディカ米（長粒米）ではなく、ジャポニカ米（短粒米）が美味しく、多様な和食メニューに合い、世界中に受け入れられ易い。

多様な和食の普及と、コメを安く輸出することが、国内のコメの増産を可能にする最も有効な対策となる。

何か希有壮大な話と感じられるかもしれないが、人類は下記のようにこれに似たような体験を過去に既にしているのである。

①エジプトが日本に稲作を学び、ナイル川流域に水田を作り、食糧危機を乗り切ったこと。

②中国政府の食糧自給率確保の為の政策として、黒竜江省が小麦やコーリャン等から稲作への転換を進めた。**図4-4**のように今では

図 4-4　中国・黒竜江省の稲作付面積推移（2007 年 中国国家統計局）

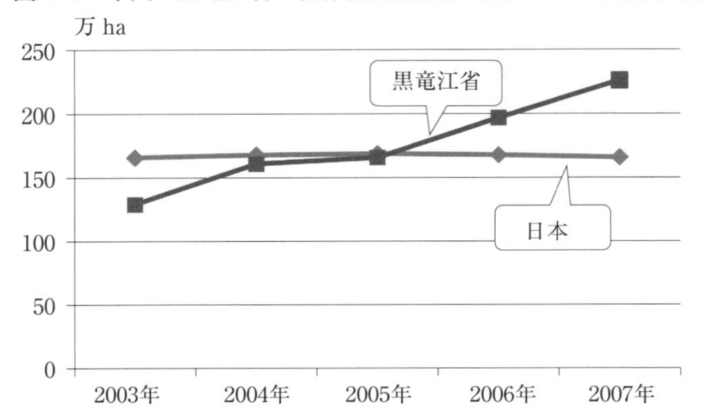

黒竜江省の稲の作付面積が１省で日本の1.5倍になっている。これは日本がコメの品種改良でコメを作れる北限を押し上げたから可能になったのである。

③①と②から言えるのは、コメは品種改良も進み、もはや熱帯から亜寒帯地域でも大河等の水さえあれば作れるのである。

④鹿児島はシラス台地で稲作には向かなかったが、サツマイモが1500～1700年代に西欧→フィリピン→中国→鹿児島と伝わり、鹿児島の食糧確保が安定してできるようになった歴史がある。

人類は過去に食糧確保の為に、いろんな転換を行ってきているのである。今や、情報化、物流の高度化、農業機械の発展等により、その転換のスピードは非常に速くできる素地があるのである。FAO（世界食糧機構）は人類の食糧確保の為にもこのような政策を歓迎するはずである。

世界で日本食を広め、コメ食を増やす、コメの増産を促す、美味しいコメの需要を喚起する、日本のコメを安く輸出する。小麦やトウモロコシの食事にコメの比率を高める。迂遠な感じがあるが、単なる安

写真 4-1　黒竜江省の水田

売りや、貧困国への安易な食糧支援よりも、人類の食糧確保、健康増進、日本のコメの増産等「３方良し」の政策がその実現性を無理や、齟齬があまり無く高めてくれるはずである。勿論、いつになったら実現するのかと計画性が弱い点は免れないので、コメを安く輸出するということを先行せざるを得ない。５～10年で目指す姿を実現したい。

主業農家の所得を都市の住民の所得に近付けるようなレベルの補助金が日本農業再生の為の絶対条件と言える。これにはコメの輸出で生ずる逆ザヤを解消するような補助金も含まれる。また、条件不利地域への手厚い補助金も必要である。WTOの規制内で可能であるが、これは後述する。

注

１)『世界国勢図会　2015/2016』矢野恒太記念会
２）柴田明夫『食糧争奪』日本経済新聞出版社、2007年
３）川島博之『「食糧危機」をあおってはいけない』文藝春秋、2009年

第５章

日本農業の再生案

今の日本では補助金というと“バラマキ”という反応が返ってくる。資本主義では、自助努力が基本の考え方であるから一見当然の反応である。これには、前述した「農業保護」か「自由貿易」かの日本としての選択がある。これまで、政府は自助努力を主体とした農業政策を進めてきた。

2007年に政府は大規模化を奨励し、４ha以上の規模の個人、団体への補助金を手厚くするとした政策を打ち出した。これに応じた農家は融資を受けて大規模化し、大型機械を購入したり、土地を借りたりして大きな投資をした。しかし、コメの値段が下がり、収入が期待したものより少なく、大きな負債が残り、困窮した。補助金も大きな額ではなかった。また、これにより外国のコメ並みに安くできたかというと出来なかった。その後、この政策は表に出ることは無くなっている。

お金を貸してあげるからがんばりなさいという政策は、６次産業化に形を変えて打ち出されている。平均年齢67歳の農業者の一体何パーセントが取組み、その中の一体何パーセントの人が成功するというのか。それで農業全体が再生されることにならないのは歴然としている。

前述したように、農業者にお金を貸してあげるから頭を使っていろんな事をやって頑張りなさい、という政策で農業が再生した国など世界中のどこにも無い。欧米の農業が活性しているのはいろんな形で補助金を分厚く支給しているからに他ならない。そもそも、商工業に従事した都市の市民の所得に対し、地方の農業者の所得がどうしても低くなるのは、自由貿易を基本とすれば仕方の無いことなのである。農業自体、地面に生える生物を相手にしているのだから。手間もかかるし、同じ土地で収量を飛躍的に伸ばせないのである。労賃の安い東欧や中国、広大な土地のあるオーストラリア等で作った方が安いに決まっている。

基幹穀物が課題であり、オランダ等の工業野菜等は別物である。穀物を工場でという話は無知としか言いようがない。ペイするはずが無い。ローマ条約は数十年も前にそのことを正面からとらえ、解決には補助金を手厚く出すしかないと欧州各国が判断した結果なのである。

主業農家の所得を都市の住民の所得に近付けるようなレベルの補助金が日本農業再生の為の絶対条件と言える。これにはコメの輸出で生ずる逆ザヤを解消するような補助金も含まれる。また、条件不利地域への手厚い補助金も必要である。

では、どのような補助金であるのかを２つの案を提起したい。

[第１案] イメージ

コメの価格が23,000円/60kgを基準とし、市場価格との差を補てんするレベルの直接支払い補助金とする。仮に市場価格が13,000円/60kgであれば、補助金は10,000円/60kgのレベルとなる。これをベースに条件不利地域度を３ランク程度に分類し、作付面積当たりの補助金を条件不利度が高いほど厚くする。

ランクA：平野部で広い農地が確保できる。

補助金　10,000円/60kg

ランクB：中山間地の平地、又は住宅地、工業・商業地域で中規模
　　　　以下の農地しか確保できない。
補助金　12,000円/60kg
ランクC：中山間地で狭隘な農地しか確保できない。
補助金　16,000円/60kg

主業農家の平均耕作面積が２haとすると、ランクBで１戸当たり192万円の補助金となり、所得が約750万円/年となる。北海道の平均耕作面積が約10haであるので、ランクAで１戸当たり800万円の補助金となる。ただ、北海道のように大きな土地での農業には大型機械や設備に多額の投資を要するので、800万円という額が大きいとは限らない。規模が大きいほど所得が多いということが、大規模化を促す大きなインセンティブになる。全体の規模が年間1.7兆円程度となる。農水省の予算が2014年度で約2.5兆円、内約8,000億円が現行補助金のベースの予算と見られる。このうち農家に届いている割合は不明なるも、何人かの知人の農家の人に聞くと、補助金らしいものは殆どもらっていないとのこと。農協の買い上げ価格に含まれるのか、大規模農家に集中して出しているのか、間接的な補助に消えているのではないかと考えられる。

ここでは問題点がある。補助金を出せば、農協以外の流通業者はさらなる値下げを強いてくる。流通業者のバイパワーは強く、このままではなかなか抗えない。対抗策として、海外市場を開拓し輸出を増やしたり、ODA等の支援物資とする等、需給バランスを売り手優位に導く必要がある。この主役は政府であり、農協、輸出業者等ではないか。しかし、国内価格13,000円～15,000円/60kgは海外では通用しない。輸出補助金を出し、海外販売価格を7,000円～8,000円とすると、ダンピングとされ、問題化する怖れがあるので、輸出を大幅に増やすのは

難しいのではないか。

［第２案］イメージ

国内市場価格を7,000円～8,000円/60kgに誘導する。海外で美味しいジャポニカ米の販売価格に近付けることが出来、輸出量を飛躍的に伸ばすことが出来る。この値段であれば、海外でのダンピングは問題となり難い。また、関税を773％→50～80％に下げることが出来、TPP、FTA、EPA等の多国間貿易交渉にも対応でき、国全体の通商にプラスとなる。この場合、農家への補助金の基準を23,000円/60kgとし、第１案のようにランク分けは

ランクA：平野部で広い農地が確保できる。
補助金　15,000円/60kg
ランクB：中山間地の平地、又は住宅地、工業・商業地域で中規模以下の農地しか確保できない。
補助金　17,000円/60kg
ランクC：中山間地で狭隘な農地しか確保できない。
補助金　21,000円/60kg
程度とする。

補助金総額は年間2.1兆円規模になる。主業農家の所得は１案と同様約750万円/年となる。１案も２案も食管法廃止以前は国、又は国民がコメに対して負担していた23,000円/60kgレベルであり、既に経験済みの負担である。コメの輸出を500万ｔに拡大すると更に1.4兆円、計3.5兆円規模になる。ただ、この場合、規模拡大等で農家所得が大きく増加するので、補助金を相応に減額し、全体として農業者の所得が望ましいレベルに調整する必要がある。

ここでも第１案と同様に流通業者のバイパワーが心配される。しか

し、第１案より海外市場への進出が容易となり、需給バランスを優位にできる。政府、及び農協は海外輸出に積極的に関与し、国内価格の維持に努める必要がある。欧米の食料自給率が100％を越えている国は輸出をいかに促進するかに腐心している。日本もそうあるべきで、和食の長所をいかに売り込むかを創意工夫し、日本米を世界に浸透させ、輸出量を増大させる必要がある。そうすれば、国内でのコメの増産に転換でき、耕作放棄地の縮小、規模拡大、食料自給率向上、若者の新規就農、農業再生、地方の再生へと繋がっていく。食料自給率が53％程度まで向上可能と考える。

WTOの規制の心配があるが、農業の多面的機能に対する補助金は認められており、青の政策の枠内の余裕はかなりあり、問題とならない。また、国内市場価格を7,000～8,000円/60kgに安定させるのは市場原理から難しい。欧米も過去に価格支持制度で長年苦労した結果、デカップリングを経て諸条件と切り離した直接支払制度に移行していった。価格支持に労力を費やすのではなく、価格の変動にある程度合わせ、農家の所得が大きな影響を受けないように、直接支払のレベルをコントロールしている。また、アメリカでは**図5-1**のようにいろんな形での補助金で対応している。第２案の方が良さそうだ。そのイメージ図を**図5-2**に示す。

一方、コメの輸出を促進する政策を進めると、コメ以外の食糧、食

図5-1　アメリカの補助金の種類

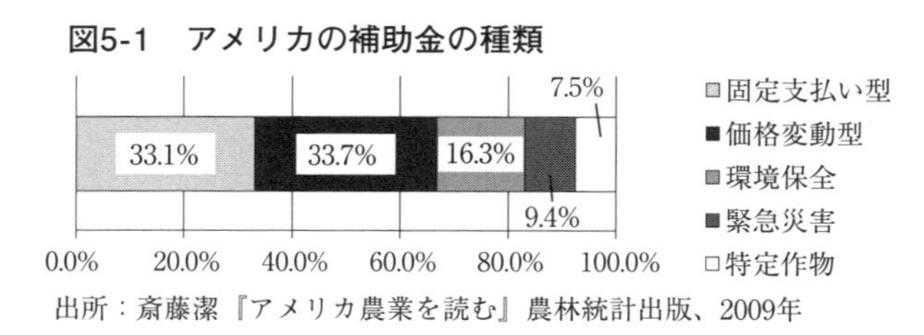

出所：斎藤潔『アメリカ農業を読む』農林統計出版、2009年

図5-2　補助金案のイメージ

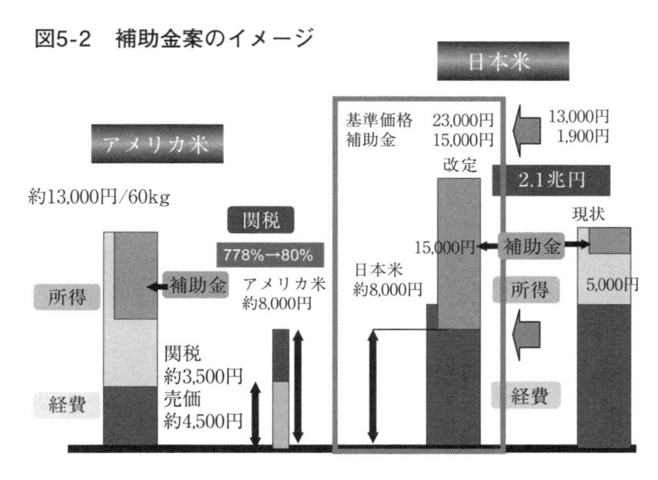

出所：筆者がイメージとして作成

材も輸出が増えるはずである。海外での日本食料理学校や、日本食レストランの普及、流通ルートの開拓、日本食の家庭料理化等である。例えば、遺伝子組換えの無い低農薬の大豆や、海産物、味噌、醤油、和牛、麺類、日本特産の野菜等々、その波及効果から得られる関係業種の増収、そして税収増により、政府の補助金の負担が軽減される効果が期待される。

また、コメの価格が安くなると、国内の消費が多少増加するはずである。パン等の食品からコメやコメを食材にした商品、レストランのメニューへの選択の移行が期待される。

さて、1案、2案ともコメだけに補助金を出すのかという問題がある。他の穀物や野菜はどうか。私は先ずはコメへの補助金だけでよいと考える。日本の風土にはコメの生産が最も合っており、小麦や大豆は海外の価格には全く対抗できないし、輸出も困難である。これらに補助金を出すのは効率が悪い。一部のプレミアム化した作物の割高な価格での特化した販売でよいと考える。また、野菜は関税が非常に低く（約３％）、生鮮食品であり、安全性等により市場は国内産が殆どであり、輸入物との競合はあまりないので、保護しなくてもよい。日本の農家はコメと野菜の複合栽培が最も多く、コメへの補助金で大多数の農家が恩恵を受ける。また、コメの増産で、所得が増えることにより、野菜等からコメへの転作の流れが出来、野菜の価格が上向き、結果野菜しか作っていない農家も恩恵を受ける。

そして、コメを増産する意欲が高まり、耕作放棄地の回復や、規模拡大の流れが出てくるはずである。コメの増産については低価格化による国内消費の拡大と、輸出拡大により需給バランスを良好なものにコントロールすることが可能となると考える。大胆な欧米並みの補助金政策による、コメの増産と農家の所得向上が農業再生の最も核心なのである。

図2-1にあるように欧米は小麦をかなり輸出し、国内の生産過剰を緩和、コントロールしている。また、輸出しているということは、価格が低い国際レベルになっているからで、国内の価格も低くし、環境等の名目の補助金で輸出を補助している。

欧州のCAPの補助金の拠出目的は**図5-3**のようにWTOの制約の推移と合わせて、変化してきている。価格支持方式を直接支払いにし、輸出補助金等は削減し、環境保護（グリーニング）等多面的機能保全を目的にしてきている。しかし、総額は同等レベルで推移している。WTOの制約逃れを理由づけの変更で行ってきているのである。欧米はWTOを含めルール作りが得意である。一見、公正で国際社会の為になるようなルールを作るが、よく見ると、自分たちに都合が良いようになっていたり、抜け道を用意していたりする。日本は正直にルールに従おうとするのだが、不利な状況に立つことが多い。ここは、し

図 5-3　CAP 拠出額と改革の変遷

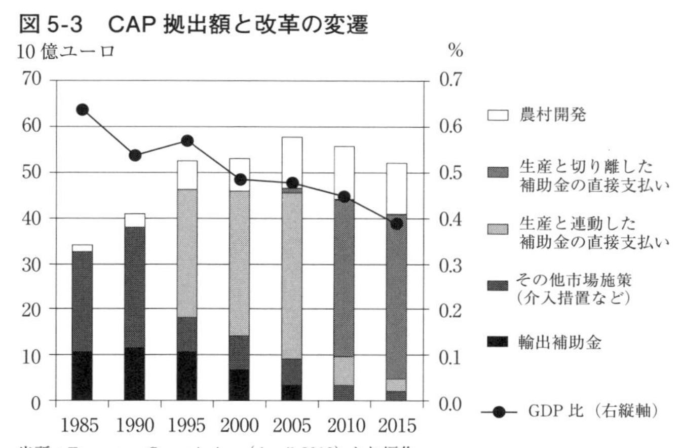

出所：European Commission（April 2018）より編集
https://ec.europa.eu/agriculture/sites/agriculture/files/cap-post-2013/graphs/graph2_en.pdf#search=%27CAP+expenditure+and+CAP+reform+path%27

たたかに裏技も使わなければならない。

欧州の補助金のレベルは**図5-3**のように対GDP比で1980年代の0.6%程度から下がってきたが0.4%程度である。日本は実際に農家に届いていないものも含め0.14%程度と少ない。先進国で農業を維持し、田舎社会や環境等を守るのは相応のお金が要るのである。ヨーロッパの田舎の田園、街並み等の風景が素晴らしいのは、実は国民がそのことに対し、税金を含めてお金を応分に払っているからなのである。

日本は政府の財政赤字、高齢化による将来の年金問題、医療費の増大、社会福祉の充実等、難しい財政問題を抱えており、農業の補助金を大幅に増やす余裕など無いという反応がすぐに返ってきそうが、国の根幹に関わることであり、今一度よく検討する必要があると考える。

いま進めている６次産業化や、価格の高い農産物の輸出等の方策では部分的な効果はあっても、農業の再生は無理と考える。実際にこれらを推進している政府や関係機関からは、輸出目標は設定しているが、農業が再生するというものではない。補助金に代わる確たる再生計画がないまま時が過ぎれば、世代交代の時期を完全に逃がし、日本の農業はいよいよ再生不可能なレベルに墜ちていくと考える。大胆な改革をしないまま、時間と労力と核心を外した周辺の対策費用を費やしているように見える。十分な補助金を出すという政策以外に農業が再生するという案があれば、根拠と数値を伴った計画を是非見てみたい。批判は簡単である。これまで、そのようなものは見たことが無いし、これ以外に無いと考える。

こういった状況と論点を国民に分りやすく説明する広報が必要であり、国民の理解を得なければならない。

さて、補助金の財源の問題であるが、新たな税負担を最小限とするために、農水省や地方自治の予算の見直し、政府による小麦の輸入と国内販売の差益（マークアップ）や、食料品などの輸入関税等、補助金に回す方が価値のあるものを洗い出すことが必要である。

農水省の進める公共投資とは何であろうか。耕作放棄地がどんどん増えている中で、**図5-4**のような農業の公共投資がどれだけ必要なのであろうか。地方の土建業者を養っても、農業は再生しない。農地周辺のコンクリート化や農業用のダムや水路などに多額の税金を使っている場合ではない。農業土木で生計を立てている人々の生活はどうするのか。この技術を農業以外にシフトするとか、農業そのものにシフト、又は農産物の加工、流通へのシフトも考えられる。

また、兼業農家であれば、地域の工場等に勤めながら、補助金を受け農業もしっかりと続けることができる。農業の補助金が十分出れば、企業は地域で少し割安な賃金体系も可能となり、地方に工場も設置しやすくなる。海外に工場を運営している企業も、海外での人件費高騰や円安により、国内の地方に回帰するのではないか。そうすれば、地

図5-4　農水省予算・2013年度（億円）

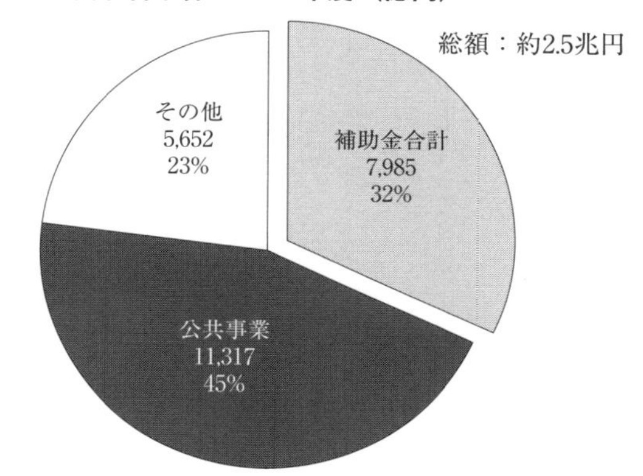

出所：農水省予算より筆者推定。

方では農業も工業も活性化するのではないか。

農業再生に必要な直接支払の補助金は前述の案２を採用した場合、2.5～３兆円になり、そのうち0.5～１兆円程度は公共事業見直し等の方策で捻出できるであろう。一方、コメの価格が7,000円～8,000円/60kgになれば、国民のコメ購入負担が6,000～7,000億円軽減される。差引、国民負担増は１～1.5兆円となる。国家予算の組み替え、又は増強で対応出来ればそれに越したことは無い。それが困難な場合は努力次第であるが、国民は1.3兆円程度の実質負担増、即ち消費税0.5％程度の増税を受け入れる必要がある。前述したように、食管法廃止以前に形態は異なるが負担していたレベルであり、価格支持政策から補助金直接支払い制度への遅ればせながらの移行とも言える。

ここまでで本論を述べた。第６章以降は本論に関しての課題等をもう少し詳しく述べることと、その対応策等について述べる。

第６章

コメと小麦

１．アメリカの小麦戦略と教訓

日本人はアジアの中で、特に戦後何故急にこんなにパンを食べ、乳製品を摂るようになったのか。東アジア、東南アジアにはこれほど多くパンを食べる国は無い。それはアメリカの小麦戦略にある。第２次世界大戦後、欧州を含め世界の多くの国が戦争で疲弊し、食料自給も困難な時期に、アメリカは戦争被害を受けていないので、穀物、特に小麦を大増産して世界に供給した。朝鮮戦争でも大いに役立った。

この間、アメリカの農家は増産するために大規模化し、大型農機、施設等の投資を行った。しかし、朝鮮戦争が終わった頃から、欧州も日本等もほぼ食料自給できるようになった。そうすると、アメリカは穀物の大量の在庫が積み上がり、大きな政治問題になった。そこで、アメリカ政府は世界を調査し、輸出先とその実現化の仕組を考え出した。それが小麦戦略なのである。アイゼンハワー大統領の時1954年に施行されたPL480法案（農業貿易促進援助法）にその戦略が入っている。

その内容は、輸入国の通貨で買える、支払いは10～20年先でもよい、輸入後国内での販売利益はアメリカと輸入国で協議して分ける、アメリカは輸入国のアメリカ軍基地への資金等、輸入国は復興資金に充てる等であり、輸入国にかなりのメリットがあるものであった。

日本は吉田首相の時に利益配分等の交渉の末、1955年に条約を結んだ。復興資金が欲しかったのである。これ以降、日本政府は国民に小麦の消費、つまりパンを食べるように啓発していったのである。その内容には次の条件も入っていた。

・見返り資金の一部は、アメリカがその国での現地調達などの目的のほか、アメリカ農産物の宣伝、市場開拓費として自由に使える。
・アメリカ農産物の貧困層への援助、災害救済援助及び学校給食への無償贈与も可能である

今でも小麦は農水省が全量所管し、輸入して製粉会社等に売り渡している。この利益をマークアップと呼んでいるが、国民は殆どこのことを知らない。この当時、厚生省や文部省は「コメばかり食べると頭が悪くなる。パンを食べよう」等と肉や牛乳、バター等も奨励した。朝はパンとバター、牛乳、卵等が定着していった。

戦後アメリカ占領時代には、日本の食糧事情がかなり悪かったことから、アメリカから小麦等の援助により、小学校の給食にパンや脱脂粉乳が多く出された。1955年の農産物輸入に関わる条約締結以降も引き続き学校の給食にパンを出すようにした。子供のころから食べたものは大人になっても食べ続けると言う習性がある。

また、アメリカは日本の厚生省などと組んで、キッチンカーをアメリカの資金で作り、全国にアメリカの小麦や大豆などを用いた料理の普及に努めた。キッチンカーの前には大勢の主婦が集まり、試食し、近代的な食事として受け入れられていった。トーストにバター、マーガリン、サンドイッチ、スパゲッティ、クリームシチュー、ホットケーキ、ドーナツ、等々。一方、製パン業界は菓子パン、製菓業界はビスケット等のおやつ等、小麦を材料とする食品が溢れていった。

1956年、（財）全国食生活改善協会はアメリカ側から3,882万円の活動資金の提供を受け、製パン業者技術講習会事業を請け負った。地方のパン職人数十人が東京に集められ、アメリカ人製パン技術者の指導でアメリカ式の製パン技術を伝授された。この指導を受けたパン職人は地方に戻り、地方都市でのアメリカ式の製パン技術講習会を開くことが義務付けられていて、製パン技術を広める先兵になったのである。初年度１年だけで全国で200会場、１万人のパン職人がアメリカ式製パン技術を学び、数年のうちにアメリカ式製パン技術は日本全土に広まり、この事業は大成功であった。そしてアメリカの資金でパン食普及の大宣伝広告活動を行い、学校給食のパン食支給などの活動を通じてパン食は完全に定着した[1)]。

実は小麦だけではない。とうもろこしは隠れた大量輸入穀物である。2016年は小麦が約600万ｔ、とうもろこしが約1,600万ｔで、国内のコメ生産800万ｔと比べてもその多さが際立つ。日本人は急速に肉や卵、牛乳を食するようになった。輸入とうもろこしの65％は牛、豚、鶏等の飼料に、20％はコーンスターチ（甘味料）に使用される。これでは食料自給率が低くなるはずである。

これにより、コメの消費が減少し始め、食料自給率が低下していった。当時、農水省は国内農業への打撃を心配してはいたが、政府の復興資金に充てることや、小麦の輸入を農水省が所管することによる権益の大きさなどで反対はしなかった。

アメリカの小麦戦略にはさらに隠れた狙いがあった。それは相手国の農業を衰退させることにより、輸出先の確保の他に、食料の安全保障の主導権を握り、相手国への影響力を高め、アメリカの世界戦略のパワーに利用したのである。すなわち、小麦はアメリカ国家の戦略物資なのである。韓国も、台湾も食料自給率を大幅に下げ、農業を衰退させている。

一方、日本の歴史上急激な食事の欧米化により、肉や油、乳製品等の摂取過多による様々な病気が蔓延した。世界でもこれほど急激に食事内容が変化した国は他に見られない。心臓病、糖尿病等の患者の比率は非常に高い。近年古くからの日本食が健康に良い面が見直され、バランスを考えるようになり、食生活の改善が見られる様になった。しかしながら、一旦パン食等の習慣がついた生活はコメ中心の生活にはなかなか戻らず、コメの消費は減少し続けている。

アメリカの小麦戦略は相手国の弱みを上手くつき、巧みに仕組まれた戦略により、むしろ相手国の協力を引き出しながら自国の農産物を売りつけることに成功している。近年、アメリカは更に工業製品の自由貿易を人質に農産物の輸入増加を迫っている。但し、アメリカの農産物は安いと言っても、実は多額の補助金が隠されている。自国の食料自給率を100％より大きく上回り、余剰農産物を他国に売り、多額の国家予算を投入して農家を支え、自国の食料安全保障、農業と地域社会の保全、輸出先の国の食料安全保障を弱め、影響力を強くするという国家の基本戦略を堅持している。日本政府は分かっていて日米安保条約もあり、それを受け入れている。

アメリカがコメの関税引き下げを要求し、もっとコメを売ろうしているが、日本に売れる様なコメはカリフォルニア米（カルローズ）しかなく、実はサクラメント周辺の農地では輸出に回せる量は多くない。交渉のカードに使っているのではないか。また、ミニマムアクセスで輸入したカルローズ（中粒米）は日本ではご飯としては殆ど売れておらず、殆ど加工用として使用されている。

日本がコメを大量に輸出することが農業の再生に繋がることは前述したが、アメリカの小麦戦略はその方策の参考になるのではないか。

大量といっても最大約500万ｔで、世界のコメ貿易量4,200万ｔ（2014年）からすると、驚く数字ではない。

つまり、政府がコメ輸出戦略を策定し、相手国に受け入れられ易い施策を編み出し、実行することが求められる。それには、価格が相手国に受け入れられ易いレベルであること。健康増進・医療費削減に効果的であること。大変美味しいということ。コメが人口増加に対して有効な作物であるということ。また、一見マイナス的に感じることである美味しいコメの作り方の指導等である。美味しいコメの作り方を教えても、土地、風土、水等の環境の違い、人手を使った細やかな管理等において日本と同等の美味しいコメを作るのは困難であるので、日本のコメが味の面で世界一を維持することが出来る。

重要なことは小麦や、インディカ米が主食の国々に美味しいジャポニカ米を広めることなのである。これには、世界の主要都市に日本料理の料理学校を政府資金で補助して設立し、美味しい日本料理を教える。海外各国には日本人が大勢住んでいる。現地の日本人女性に料理学校の先生になってもらうのは有効である。生活に合わせて時間を作ってもらえば良い。勿論、教材を用意し、ある程度指導する必要はある。

また、日本料理のレストランにミシュランのように☆の数で格付け・認定するのである。庶民の手の届く価格で美味しい日本料理が提供されることを推進しなければならない。仮にその経営者が中国系や韓国系、或いは欧米系等の人達でも良い。認定されたレストランには日本のコメを安く提供する仕組みも有効であろう。これにより、より多くの人が安くて美味しく、健康に良い日本料理を覚える。そして、簡単なものから一般家庭の食事の中に和食が入りこむようにしていくのである。テレビや、インターネットでのPR、日本料理の本の出版等も良い。

では誰が輸出をするのか。いろいろとルートがある。農協も大きな役割を果たすべきである。また、商社も採算がとれるとなると、多数参入し、いろんな拡大策を講じるであろう。また、世界の食物商社、例えばカーギル等も参入するかもしれない。500万ｔの輸出は相手国との摩擦の心配も有るかも知れない。20カ国以上の多くの国に分散して輸出すれば、摩擦を起こすようなボリュームにならないと考える。アメリカ、ヨーロッパだけでなく、東南アジア、中南米、アフリカ等にも需要は有るはずである。

日本料理のチェーン店の進出も援助するのも良い。牛丼、日本式カレーライス、とんかつ定食、居酒屋、和定食、等々。

子供の頃からコメを食べると大人になってもその習慣が残るので、相手国政府に肥満体による健康障害を防止するために、学校給食にコメを使った美味しいメニューを採用するように働きかける。開発途上国にはコメを援助、又は安く提供する。その料理の指導も行う等の活動も有効と考える。小麦戦略の逆である。

また、FAO（国際連合食糧農業機関）やWHO（世界保健機関）に提案し、ジャポニカ米が美味しく、健康に良い、単位当たり収量が多いことによる将来の人口増加に対する食糧確保対策になることを認めてもらい、併せて日本食の普及によるジャポニカ米の消費拡大をFAOやWHOの政策に組み込んでもらうのも良いのではないか。日本の国際貢献になるはずである。

アメリカの小麦戦略は在庫過多による農家の窮状の解決と、国の食糧政策を大胆に改革する方策を政府が戦略を立て、法整備し、力強く実施したからに他ならない。日本政府、農水省等が新たに思い切った戦略を打ち立て、推進する以外に実現化する道は無いと考える。国でしかできない政策が主体である。民間をうまく使うのも良い。

2．コメと小麦の違い

コメ、小麦、トウモロコシは世界の３大穀物と言われている。トウモロコシは人間も食べるが家畜飼料や甘味料、燃料として使われる割合が高い。人間の主食はコメか小麦と言っても過言ではない。

先ず、作り方であるが、小麦はいくら肥料を投入しても連作障害があるため、毎年は作れない。菜の花（食用油用）や、根菜類、牧草等３～４年で輪作する必要がある。所謂輪栽式農業、又は混合農業である。土中の成分が変化し、翌年には戻らないので、輪作で土中の成分を戻し、栽培するのである。一方、コメは水田で作ることにより毎年土中成分が戻り、連作できるのである。また、小麦は皮が分厚く堅いので、精白率が60％強と低く、コメの精米歩合は90％強と高い。１ha当たり収量はコメ約4.5ｔ、小麦約3.3ｔと1.4倍である。これらを掛け合わせると、同一面積で、コメは小麦より６倍以上人口を養える。肉や乳製品は同一面積での摂取カロリーは非常に低く、効率が悪い。牛肉１kg作るのに穀物が11kg必要とされている。また、混合農業では牧草を植え、牛や羊を飼い、その肉や乳製品を食するが、単位面積当たりの生産カロリーはかなり低く、効率が悪い。アジア人はコメを主食としているので、欧米より人口密度が高いと言える。各国人口密度（人/km^2）は、日本336人、韓国514人、ベトナム280人、インド395人、フィリピン347人、ドイツ231人、イタリア201人、フランス117人、イギリス269人、アメリカ33人等である。

単位面積当たりの農地面積で養っている人口を比較した**表6-1**でも、日本がコメを中心にいかに効率的に土地を使っているかが分かる。

気候や土地の条件が影響する。また、欧米では日本農法の様に手間

表6-1　1km²当り農地面積で養っている人口（2010年）

	アメリカ	フランス	中国	日本
人口（百万人）	318	63	1,354	127
国土面積（万km^2）	963	55	976	38
農地面積（万km^2）	411	30	553	5
食料自給率（%）	128	122	95	40
自給人口（百万人）	407	77	1,286	51
養う人口（人／km^2）	99	256	233	1,081

出所：『世界国勢図会 2012～2014』、矢野恒太記念会　より編集

暇をかけた栽培では経済的に成り立たず、大規模で効率的に栽培する必要性が高い事情もある。水田は水平でなければならないので、日本の様に農地が傾斜地であり、大きな水田を作れない事情もあり、効率化が困難。小麦は傾斜地でも大きな畑で栽培できるので効率が良い。

アメリカのカリフォルニア州サクラメントの近郊では中粒米を広大で水平な田んぼで栽培している。飛行機で種を撒き、超大型収穫機で収穫するのである。ここはサクラメント川があり、シェラネバダ山脈から養分を含んだ水が流れ込み、気候も良い。

日本人の田牧一郎氏が1989年に36歳で福島から当地に渡り、広いカリフォルニアの農地でのコメ作りにかけた。土地改良を初め、水管理等の日本の技術を注ぎ込んで改良した。そして、美味しいカリフォルニア米が出来たのである。改良したコメを田牧米と呼び、中粒種であるが現在も高級米として販売されている。その後、短粒種のコシヒカリも苦労して現地で採れるようにしている。

しかし、田牧氏の農法は手間暇がかかり、アメリカでは効率が悪く、また水代や地代が上がり、原価高となり、田牧氏はアメリカでの活動をあきらめた。田牧氏はアメリカからウルグアイに移ってコメの栽培と指導を行った。ウルグアイはインディカ米が主流であるが、ジャポニカ米を育て、美味しいコメを作った。2012年頃からは茨城県に戻っ

て種に関わる仕事や、2016年からは茨城県産米をアメリカに輸出する仕事に関わっている。田牧氏は結局、世界中を見ても、日本のコメ作りは断トツで最先端であり、栽培方法だけでなく、乾燥や精米技術等の総合的なコメ作りは今後世界のどこでジャポニカ米を作るようになっても日本のコメが断トツであるであろうと言っている[2)3)]。

コメと小麦のもう一つの違いは、食事の内容が異なるという点だ。コメは炊飯して茶碗に盛り、おかずと一緒に粒のまま食べる。小麦は製粉し、主にパンにして食べる。この時、パンには砂糖やバター等が使われる場合が多い。また、小麦の調理には油を使うものが多い。更に肉類との相性が良いので、脂肪分、糖分を多く摂る傾向となり、コメより健康に良くない傾向にある。和食は味噌とか野菜等バランスがとれた食事であるが、洋食はどうしても油等脂肪分が多くなり、欧米での肥満体の原因となっている。面積当たりの栽培効率と栄養面でコメの方が優れているといえる。

国内流通量で、2014年、コメは国内産844万ｔ/年、ミニマムアクセス米67万ｔ/年、小麦は国内産85万ｔ/年、輸入602万ｔ/年である。小麦の輸入先別ではアメリカ299万ｔ、カナダ180万ｔ、オーストラリア93万ｔ等となっている[4)]。

一方、国内の2017年の私がスーパー等で調べた小売価格面では、普通米で５kg約1,500～2,000円、小麦の一般的なもので５kg約1,000円～2,000円と大差は無い。この小売価格に対し、コメの農家出荷価格は14,000円～15,000円/60kgで1,170円～1,250円５kgである。また、小麦の輸入は全量農水省が管轄しており、輸入小麦の国内売渡価格は2017年で約263円/５kgであり[5)]、小売価格とのギャップが大きい。国産小麦の原価は海外の小麦に完全にかなわない。しかし、コメは7,000円～8,000円/60kgにすれば、583円～667円/５kgとなり、流通経路を工夫すれば海外の市場で通用すると思われる。

注

１）鈴木猛夫『「アメリカ小麦戦略」と日本人の食生活』藤原書店、2003年、pp.14-77
２）英考塾　http://eikojuku.seesaa.net/article/292120259.html
３）Jweekly（アメリカ）http://jweeklyusa.com/topics/articles/tokibito_1446.html
４）『日本国勢図会　2017/2018』矢野恒太記念会
５）農水省HP「輸入小麦の政府売渡価格の改定について」2018年３月６日

第7章

農水省の政策

1．戸別所得補償制度

2010年、民主党政権の時に農業の戸別所得補償制度が施行された。その前年の2009年に民主党が衆議院選挙で大勝し、政権を自民党から獲得した。この選挙運動中に、小沢一郎議員がこの戸別所得補償制度で補助金を出すという公約を訴えたことも勝因の一つとして挙げられる。

図7-1　米作に対する補助金（2010年度）

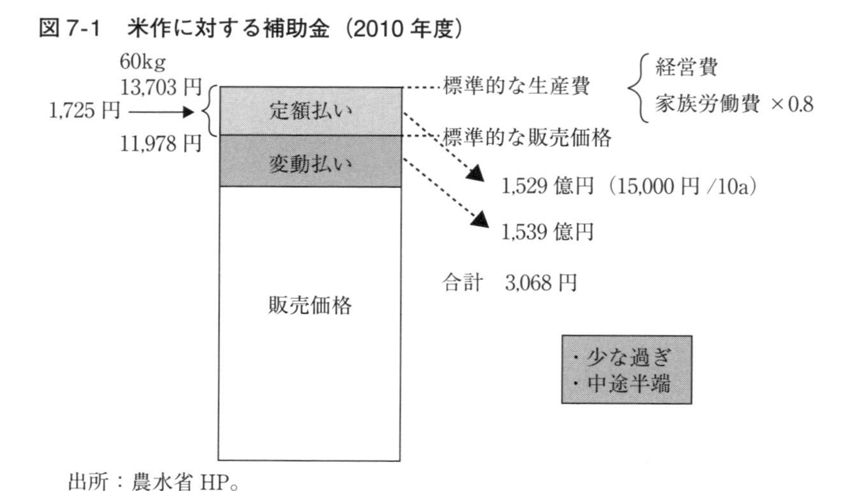

出所：農水省HP。

実は、民主党ではそれ以前から、日本農業の衰退をどうしたら再生できるかの勉強会があり、篠原孝議員を中心に欧米を参考にした補助金の制度を導入すること等を検討していたのである。かなりまじめに検討していたのであるが、小沢一郎議員はこの中の補助金の部分だけを取り上げて選挙にアピールしたのである。このことが後に補助金が選挙目当ての“バラマキ”というレッテルが張られてしまった要因になったのである。農業の再生は補助金だけではできない、コメ等の輸出で販売を増やす政策、国民にある程度の負担を課す等とセットでないと無理であるのに、補助金だけをアピールするのは間違いである。国民に農業は補助金漬けだと誤った認識を持たれてしまった。

戸別所得補償制度により2010年には、田んぼ一反（10a）当たり1.5万円/年と調整金が農家に支払われた。

定額払いの部分が“ゲタ”で、変動払いの部分が“ナラシ”と呼ばれている。販売価格が13,703円/60kgを基準に補助金が２つの種類で支払われたのであるが、総額3,068億円とで私が必要と考えている補助金のレベルからはかなり少ない。これでは、農家の所得が大きく増えない。農水省のデータでは以降も農家の所得はあまり増えていない。自民党政権に戻ってからはこの政策も弱められたものに変容している。

２．最近の政策

毎年の農業振興に関する政策資料では、食料自給率39％を目標45％に設定し、諸政策を打ち出している。困難ではあるが50％の目標値も唱っている。しかし、食料自給率は39％に低迷したまま、改善の結果は全く出ていない。目標とはその組織がそれに向かって活動し、達成に近付けていくものであるが、何年も全く成果が出ていない政策を続けている。そこにはそれぞれの具体策が食料自給率向上にどの程度効果があるかの数値での裏付けが示されていない。ただ、補助金の大幅拡充は財源の問題があり、それが解決しない間はそのような政策にならざるを得ない面がある。

それぞれの政策には予算が付き、毎年2.3～2.5兆円の予算が消化されている。しかし、農業は間違いなく衰退している。大きな効果のある政策に転換しなくてはならない。大胆な発想が有ったとしても打ち出せないのか。過去の延長線上の政策しか打ち出せないのか。農業の衰退の上に立つ組織は、所謂“泥船”に乗った組織ではないか。

６次産業化では成功事例もあるが失敗事例もあるはずで、成功事例だけが喧伝されている。ある経営コンサルタントの方にお話しする機会があったが、この方は最近、ある県で農業経営塾を市の政策として立ち上げた。この方は工業、商業等のコンサルは長年携わっているが、農業は初めてである。しかし、経営スキルを教えたり、取組案件の成功への支援は有る程度有効であろう。

また、多くの大学の先生方は６次産業化での成功モデルを作るために、農家と協力して新しい取組を考案し、実践している。そしてうまくいった事例をモデルとして発表されている。

しかし、どちらも成功し続けるかどうかは分からない。商売は生き物である。ライバルも出てくる。失敗すれば、その農家は過酷な状況に陥る。ハイリスクな取組であるので、セーフティネットが必要である。

2015年の農水省のデータには2014年までの３年間の６次産業化に取り組んでいる農業者のデータが掲載され、その中に債務超過の農家が25％以上あり、全体の利益率は1.6％となっていたが、2015年以降はこのデータは公開されていない。但し、農水省も６次産業化での問題点を列挙している。農業者の経営スキル不足や、健康問題による事業継続不可能な場合の対処等認識はしているのであるが、その対策や、セーフティネットについては述べていない。

農業は営々と続けるものであり、それだけでも天候による不作、市場の乱高下、農業者の健康問題、後継ぎ、機械の更新等々、問題は山ほどある。そこに商売の果てしない悩みを持ち込む。農業者の所得を増やすのが目的とされているが、全体としてどの程度増えたかの結果が示されていない。今公表されている農業者の所得はそれほど増えていない。ひょっとすると投資回収できていない農業者が数多く出ていないか心配である。

３．農地の海外アウトソーシング

食料の安全保障として、外国の土地を買って農作物を作り輸入したら食料を確保できるのではないかという意見がある。所謂農地のアウトソーシングである。これを積極的に推進している国としては、中国、韓国、サウジアラビア等がある。2008年韓国はマダガスカル130万ha、スーダン69万ha、モンゴル27万ha等231万haを投資している。中国は2008年フィリピン124万ha、ラオス70万ha等209万haが2012年にはオーストラリア、ニュージーランド等を加え900万haと急増している。韓国がマダガスカルの耕作可能面積の半分にあたる面積の農業投資を進めたため、反政府運動による暴動が起き大統領が辞任している[1)2)]。中国がアフリカの貧しい国の役人にお金を渡し、土地を安く買い、そこに住んでいる農民を追い出すか、特定農作物を最低限の賃金で作らせ、中国に輸入する。農民は自分たちの食べる為の農作物も満足に作れず、それまでの生活よりひどい困窮した生活を送るはめになる。このことが問題化している。かつて欧米が植民地政策で広大な砂糖やコーヒー等のプランテーションを作り、現地の農民を最低限の賃金で労働搾取していたことを現代でも中国等がやっている。現代の新植民地主義である。アフリカや南米等各国で強い反発が起きている。

スーダンやエチオピアでは深刻な飢餓状態があるがこのような方法が許されるのか。国のモラル、人権意識、一種の植民地化等の問題があり、日本が採用すべき方策ではない。

注

1）八木宏典監修『プロが教える農業の全てがわかる本』株式会社ナツメ社、2010年

2）AFP BB News　2018年　2　月16日　http://www.afpbb.com/articles/-/3164144

第８章

農業の実情

１．農家の事例

私の知人（50歳代）で滋賀県東南部に住み、８反の田んぼを持ち、大阪の企業に勤めている人がいる。典型的な兼業農家である。四季折々の農作業は家族が協力して行い、世帯主である知人は休日にトラクター、田植え機、コンバイン等を使って作業する。１反（約0.1ha）当たり510kgが採れる。農協買い取り価格14,300円/60kgとすると、全部売った場合売上約97万円/年である。但し、自分の家族で食べる分、親戚に配る分で420kgを引くと約87万円/年となる。これから肥料代、農薬代、苗代、燃料費、機械の償却・修理代、袋代、乾燥費等を引くと、殆ど残らない。自分や家族の労賃は出ない。もし、買い取り価格と補助金合計が23,000円/60kgとすると売上約156万円となり、約60万円の増収となる。これでも十分ではないが、農業を続けるインセンティブになるのではないか。農業機械は数軒で共有すれば機械代も節約できる。

枚方市の知人（62歳）は４反の田んぼを持ち、大阪の会社に勤めている。農作業は親戚で退職した70代の人が３人手伝ってくれる。農協の買い取り価格はAランクで16,000円/60kgとやや高い。娘２人は嫁ぎ、家族２人で、採れたコメは手伝ってくれる親戚と娘たちの家庭に配る。

これに約960kgを充て、残りを売る。売上は約31万円。諸経費を引くと赤字となる。2018年近所の同じく田んぼを持つ親戚である友人と2人で新品の2条狩りコンバインを約160万円で買った。両家ともコンバインが古く、使いづらくなったためだ。

何故、赤字でも機械を買ってでも続けるのか。農作物を作っていないと、税金が高いためである。農地以外の土地価格で算定された固定資産税は非常に高くなる。農地法と税金の縛りで続けざるを得ないのだ。但し、この制度が無ければ、都市近郊の農家はこぞって農地を売りに出すであろう。そうなると、日本全体の土地価格は大幅に下落し、資産価値が激減する。そうなると、経済が冷え込み、大不況に繋がる可能性が高い。また、農業は一気に衰退する。農地、市街化調整区域を温存させるためには現時点では必要な政策といえる。が、農業をやっても、労賃も出ない、いやいややっているという不健全な状態が続いているのである。これも、今の世代が出来なくなれば、いよいよ困ったことになるのである。

大阪府堺市近郊の知人（61歳）は5反を所有しているが、1反のみコメを作り、残りの4反は園芸用の木を植えている。近くの会社に勤めている。コメは農協に売らず、家族用とし、残りは会社の仲間等への格安での販売で無くなる。園芸用の木はあまり売れないので、次々と切っていき、また植える。農地として認めてもらうためだ。そうでなければ税金が高くなる。農業機械は無く、近所で農作業を専門に請け負う人に機械を伴う作業を依頼している。儲けは無く、維持しているだけである。非常に不健全な農業といえる。この状況から見えてくるのは、ただ働きをしてでも農地を守らなくてはならないように仕組まれた制度である。

3ha以下の農家が全農家の89％であり[1)]、殆どが兼業農家である。

このゾーンの農家が積極的に続ける意欲をもつかどうかが重要なポイントである。このゾーンが農業を放棄すればたちまち食料自給率は半減するだろう。補助金を含め23,000円/60kgであれば、まずまずの副収入になるので、続ける価値があり、また、子供の世代も継続しようと考えるのではないか。あるいは、もっと借地を増やして３ha以上にし、コメと野菜をうまくミックスすれば、家族で年間所得800万円も可能ではないか。コメ作りは田植えと稲刈りの時期以外はあまり手間暇がかからず、並行して野菜や他の作物を栽培できる。農業機械は中古でも良いものが安く出回っているので、経費を抑えられる。

一方、主業農家で５ha以上の農地を持つ農家はどうか。**表2-2**のように５ha以上の水田農家の2016年の平均所得は898万円/年である。このうち595万円は共済・補助金等の受取金である。規模が大きくなるほど補助金の割合が高くなる。これは農水省の方針で、大規模化した農家に優先的に補助金を配分している。20ha以上では農業所得の100％を超えるもので、このゾーンだけはある意味望ましい補助金の大きさである。一般的には問題となっていない。主に北海道に存在する。

新潟県南魚沼市のある主業農家では３haの田んぼでコシヒカリを作っている。特上のコシヒカリとして東京の料亭やネット販売で9,000円以上/10kgで直接販売している。年間1,200万円以上の売上げだ。ここでは20歳前の息子さんがいて、農業を継ぐ意向だ。父親はそれを大変喜んでいる。息子のことを思い、農業機械もそれなりに大型の最新のものを導入している。特別かもしれないが、良い収入があれば、若者も農業をやりたいという人は多いはずである。

23,000円/60kgが適当かどうかは適切なデータによるシミュレーションにより設定すべきであるが、逆に、米価基準がいくらだったら主業農家が成り立つか、零細農家が意欲を持てるか、又は都市住民の所得に近づくかで米価基準（補助金を含む）を算定すればよい。23,000円というのは食管法があった時の価格であり、その時は国家と国民は相応に負担していた。その時農家は儲け過ぎていたことは無かった。今になって高すぎるというのはおかしいのではないか。シミュレーションによってはもっと高い価格が適切と出るかも知れない。海外にも販売できる水準の米価にして、農家所得が他産業と大きな格差の無いレベルの補助金を出すという方策しか無いと考える。生産性を上げてからとか、競争力を高めてから等と条件をもう付けるべきではない。

2．農業機械

私は農機等を製造販売する会社に長年勤めていたが、農業が衰退し、農機が徐々に売れなくなってきている状況を見てきた。農家が経済的に疲弊する中で農機が高くていいのかという声もあった。やはり、農作物の原価の中で農業機械の占めるウエイトは高い。いかに要求される機能、品質を安く作れるかが問われる。

私もコスト削減に長年関わった一人である。良い商品を、良い品質で、安く提供するというのはメーカーとして基本中の基本と言っていいだろう。そうでなければ業界のライバル企業に負けてしまい、経営を危うくしてしまう。公正な競争の中で農家の方々に受け入れてもらえるような商品作りをしている。

その為には、どの製造業者もそうであるが品質向上とコスト低減について組織を挙げて、また取引先の協力も得て必死に取組んでいる。全部の部品を一つ一ついろんなアイデアを出しながら、海外調達も増やし、徹底的にコストを下げる活動をしている。

一方、国内の需要が落ち込む中、一機種当たりの販売数量も減少していき、投資回収が重くなり、コストも抑制し難くなっている。農業機械は自動車に比べ複雑な機械だ。トラクターではただ走行するだけでなく、泥田の中を耕したり、それを水平にしたり、適度な耕運深さにしたり、畑の畝を作ったり等いろんな機能があり、複雑な機械構造で、且つ高い品質を要求される。田植え機、コンバイン（収穫機）もやはり走行だけでなく、いろんな機能があり、複雑だ。そして、小さいものから大きいものまで機種数は非常に多く、多品種少量生産である。自動車と比べて高いという感覚になってしまう。実際にそれらの機械が稼働するのは年間数時間～100時間がほとんどである。余計に割高と感じられてしまう。

しかし、もう人手だけで作業する昔のやり方に戻れなくなっている。高齢化しており尚更である。機械の機能がさまざまに向上し、いろんな作業が可能になっている。田植え機に施肥機を搭載して、田植えと同時に肥料を撒いたり、コンバイン（刈取、脱穀）にタンクを乗せ籾を一旦溜め、オーガという円筒状の排出機で直接トラックに籾を排出・積込みできる、等々。電子制御の高度化により、いろんな事が出来るようになった。遠隔監視システムで機械の稼働状況、異常検知等が遠隔地で可能となった。

一方、歩行型バインダーは歩きながら機械を操作し、稲を刈り取るだけの機能しかないが、これも少ないが売れている。高度な機能を持つ農機を買う農業者と、少ない機能しかない農機を買う農業者が存在する。

予想外かもしれないが、同じ馬力のコンバインでも機能を絞り価格を抑えた機種と、いろんな機能を満載した価格の高い機種とを販売しているが、高い方が売れている。基本的な作業が出来れば良いと考える人と、折角買うのだから良いものを買いたいという人がいる。近所の家より良いものを持ちたいという欲求もあると思われる。息子に跡を継いでもらいたいと思って高い方を選ぶ人もいる。地域の農作業を請負い、能力の高い農機を買う人もいる。

中古機市場も一定の大きさがある。30年近く前のトラクターが稼働しているのを見ることがある。動かせる間は大事に使う人が多い。最低限農業が続けられれば良いと考えて買う人と、農業を積極的に取組もうとして買う人がいる。また、地域で数軒が共同で購入するケースが増えている。

ヨーロッパでも大型農機を買う場合共同購買のケースが多くなっている。但し、一年の内限られたタイミングで作業する必要があるので、共同購買する軒数は限られる。

いずれにしても、農作物に占める農業機械の費用のウエイトは高い。稲作では小規模の農家が新しい農機を単独で購入することは採算が全く合わない。農機メーカーは値下げ競争をしていて、国内での利益があまり出ていない、海外市場で利益が出ているケースがあるだけである。

農業を取り巻く産業は概ね長期低迷状態である。農機の地方の販売会社も経営不振が多く、跡継ぎが無く、廃業する会社も出てきている。

一方、欧米の農機メーカーは概ね堅調である。農業をしっかり保護する政策が生きている。非常に高い農機を買っても十分採算がとれるようなスキームができている。勿論、欧州でも投資抑制の為、大型農機は数軒で共同購買するケースもある。

前述したが、ドイツのハノーバーでは1回/2年農業機械展【AGRITECHNICA】が開催され、世界の農業機械や関連機器のメーカーが展示する大規模な展示会がある。広大なメッセの25棟以上の会場で様々な農業機械や関連機器が数多く展示され、壮観である。ジョン・ディアのブランド名で知られるアメリカのディア・アンド・カンパニー社は世界最大の農機会社である。67,000人の従業員、売上高3.5兆円の規模で、世界中の農家に販売している。展示場でも人気が高い。欧米を中心に農業への投資も旺盛で、成長を続けている。

また、関連企業も活気がある。世界最大の種子メーカー・モンサント社は遺伝子操作種子（GM）を武器に世界の農産物を牛耳る勢いだ。これには食物安全性の問題が危惧されているが、拡大し続けている。また、世界最大の穀物商社・カーギル社は売上高13兆円の規模で、世界の穀物市場を席巻している。

世界の農業は、衰退している日本と逆の潮流がある。世界の農業関連市場は巨大で成長産業なのである。全く農業の世界が違う。農業は儲かる、誇りある仕事で、生きがい、希望、豊かな人生なのだ。また、社会を支えているという自負心も感じられる。日本では考えられない、とんでもない落差だ。日本ではせいぜい大手メーカーがこぢんまりした会場で自社製品を展示し、得意客を招いて見てもらう程度だ。日本市場は縮んでいる。日本の農業を再生し、世界の食料問題に貢献するというターンオーバーを起こしたい。

農機が高いから農家を苦しめているという論じ方は間違いだ。コスト抑制をした上で、必要な経費をカバーするだけの売上と利益が確保できるスキームにならないと、農業とそれを取り巻く産業が衰退していく。今その衰退を止められないでいる。近年、GPSを使ったトラクターの無人運転の試みが進められている。技術的にはほぼクリアしているが、安全性の問題をどうクリアするかが課題となっている。これは北海道などの大きな農地での省力化には有効であり、実現が近づいている。しかし、日本ではこの機械で採算の取れる農地はごく一部に限られるだろう。

コメ以外では、野菜の栽培工場の試みがある。オランダの様にコンピュータ管理した自動化工場である。日本でもレストランに併設した小型の設備で葉物の栽培をして、料理に採れたての付加価値をつける考え方だ。一部に成功事例が出てきている。しかし、付加価値が相応につかなければ採算が合わない。この農産物の工場生産は日本ではよほど特殊な作物で、付加価値が十分あり、且つ、長期にわたりライバルの出現などで値崩れしないような物でないと投資回収できない。ハイリスクな事業である。日本でも挑戦している事例があるが、オランダより施設の価格が高く、初期投資の大きさがネックになったり、栽培上の問題もあり、トマトの茎が萎れたり、病気が発生したり、生育環境をいかにコントロールするかの超えるべきハードルが未だ多い。このような試みに日本の農業の再生をかけられるはずがない。問題は穀物であるコメをいかにたくさん作り、且つ農家が十分所得があるかである。穀物を工場でというのはコストを無視した、世界のどこもやっていない全く実現性のない案である。

3．農業協同組合（JA）

JAは農業協同組合法（1947年施行）により戦後創設された。これは、農業者の協同組織の発達を促進することにより、農業生産力の増進及び農業者の経済的社会的地位の向上を図り、もって国民経済の発展に寄与することを目的として制定された法律である。

この目的のために、JAは営農や生活の指導、支援をするほか、生産資材・生活資材の共同購入や農畜産物の共同販売、貯金の受け入れ、農業生産資金や生活資金の貸し付け、農業生産や生活に必要な共同利用施設の設置、あるいは万一の場合に備える共済等の事業や活動を行っている。一方、JAは農家の代表として政治への圧力団体としての位置づけもある。

JAグループは巨大な組織体である。その中でもJA全農が全国の地域JAを傘下に農業の経済、流通を担っている。2016年度の連結事業収益は6.07兆円、経常利益369億円、全農単体では4.6兆円、経常利益75億円となっており、巨大な流通組織ではあるが、利益率は低い[2)]。

以前は地域におけるJAの存在感は絶大だった。なぜなら田舎の家庭は多くが大なり小なり田畑を持っていたので、JAの職員とは一年を通じていろんな関わりの中で密接な関係を維持していた。農作物の栽培指導、コメの乾燥・買い取り、肥料、農機等の販売、JAバンクでの預金管理や貸付、JA主催の旅行、JAの経営する直売所への出品、共済事業、等々。農家の子息がJAの職員でもあった。

JAは政治活動も行った。戦後自民党はJAが大きな支持団体であり、安定した集票で長く政権を維持できた。

しかし、1970年代に入ると、若者は都市に出ていき、以降田舎はどんどん過疎になっていった。また、農業が衰退し始め、多くの主業農家が経済的に苦しんでいく。規模を大きくしようと農地を買い集めたり、農機を買ったりするためにJAから借金をする。しかし、状況は好転せず、借金地獄に陥る農家が多く出てきた。政府は1986年から始まったウルグアイラウンドで農産物の自由化の圧力に譲歩し、農産物の関税の引き下げや、コメのミニマムアクセス等を受け入れざるを得なかった。また、1995年には食管法の廃止により、コメの価格が以降長期低落し、農家は大きなダメージを受けた。

経済のグローバル化が進み、国家間の自由貿易化の流れを基本にした、自民党の農家を犠牲にしたような数々の政策により、農村票は当時の社会党に流れていった。北海道は社会党の強い地盤になった。この頃には農村票の数自体が減っていった。1950年代は600万戸あった総農家数は2015年には216万戸になっている[3)]。

自民党にとり農村票よりも都市の企業やサラリーマン票の方が大きな支持団体となった。農家を厚く保護するような政策はバラマキとされるので、かろうじて現状維持程度の政策しか出来ていない。こういった中で、農協は農業と農家を守るためにどのような政治活動を行ってきたのであろうか。農水省と同じくJAも農業の衰退を止め、発展するようにそのパワーを使い、政治に活かすべき責任がある。

ヨーロッパの農業協同組合は各国にいろんな団体があるが、その代表たる組織として農業協同組合・農業生産者団体COPA-COGECAがある。EUの政策に大きな発言力を持っている。CAPを基本とした政策に加え、COPA-COGECAは価格支持政策を牽引していたが、その弊害が大きくなりCAP改革をする中も影響力を発揮している。デカップリングで補助金の有り方を変更したが、トータルで農家の所得を守るようにしてきている。また、EUにはCOPA-COGECAの傘下とはいえ大きな発言力を持つ農業組合が多くあり、それぞれの分野で政策への影響力を行使している。以前フランスで農業政策が農業者に不利になりそうな時、トラクターの大行列がパリに向って行進し、反対のデモを行ったのを覚えている。

日本では近年農業者のデモを見たことが無い。農業者は辛抱強い。個々に頑張る農家があっても全体として衰退が続いている。その辛抱強さのパワーを外に向けて、欧米の様に政策への反映のパワーに転換できないか。日本の農業、田舎のコミュニティ、親子代々の家庭を守り、再生するために農協と共に政治に影響力をもてないだろうか。これは欧米を見ても健全な姿と考える。

1995年の食管法廃止時、JAは価格支持政策に代わる保護政策を何故政府に押し込まなかったのであろうか。毎年の米価審議会で農家を守るための価格支持を主張していたのに、食管法廃止後米価の下落が必然の様に始まり、20年以上も続いている間、JAは欧米の様になぜ補助金を価格支持政策並みのレベルにする主張をしなかったのであろうか。

農家の所得が低く、次の世代が跡を継ぐ気にならない状況である。欧米の補助金政策を勉強しているはずであるのにそのようなロビー活動をしていないように見える。いや、以前にしたことがあったがあきらめたのか。少なくとも国民には見えていない。JAの政治活動としては農家を守る立場であり、当然であるが政府に対し企業よりの政策に抵抗する立場をとった。TPPも反対した。農水省との軋轢も存在した。農水省のある高官OBは日本の農業の衰退の犯人をJAと主張している[4)]。私にはこれは農水省が自分の責任を棚に上げ、JAを悪者にする責任転嫁に映る。

最近、政府は農業改革を農協改革として取り組んだ。農協改革自体が農業の再生になるとは考えられない。政府への抵抗を減らす程度の効果しかないのではないか。なぜなら、農協改革をした後どのような政策で農業を再生させるかの戦略が無いからである。政府、農協の責任のなすりあいではなく、国家として農業をどう再生させるかの党派、団体の利害を超えた大胆な戦略が求められるのである。おそらく、農水省の官僚も、JAの職員も個々には農業を何とか再生したい、農家がもっと普通に豊かになってほしいと思っているのではないか。

最近のJAはどうか。私の住む大阪のベッドタウンでは、JAの経営する直売所が地域の農家から新鮮で美味しい農産物、地域の特産品が沢山出品され、活況である。各地のJAは営農支援に力を入れている。しかし、田畑はかろうじて維持されているように見える。ほとんどが兼業農家だ。収入の多くはサラリーマン収入である。

JAは営農支援等の業務では赤字のようだが、JAバンクが90兆円という資産を運用してJAグループは安定している。ただ、金融面では低金利政策により万全ではなくなってきている。また、都市銀行が農家に融資する割合が増加している。JA自体が現状維持すら難しい状況になってきているのではないか。このままジリ貧になるのではなく、JAが農業の再生の戦略を立案し、政府に提言するのも大いに期待される。

JAがコメを農家から買って販売する割合は全体の５割弱である[5)]。残りは商社や小売業者や個人の直接販売等である。JAといえども全体をコントロールすることはできない。しかし、JAがコメの買い取り価格を率先して設定できるプライスリーダーとしての立場はある。輸出をいかに伸ばすかを今も取り組んでいるが未だ全く少ない。高級食品としての売り方は市場が小さい。政府と一体となり、大幅に輸出を増やす政策を進めるべきである。日本全体で小麦やコメ等の穀物の輸出は2016年で378億円である。コメの輸出が現状ではやっと１万ｔ(27億円）というのは少なすぎる。500万ｔを目指す大胆な戦略が必要である。

農水省が進めている農林水産物・食品の輸出促進は農林水産物・食品全般に亘るきめの細かい促進活動が実施されている。大手商社も加わった官民一体となった取り組みである。2016年には総額7,502億円の輸出を2019年には１兆円に増やす計画だ[6)]。市場を知る、市場を耕す、輸出の障壁を取り除く、国別に対策を立てる、流通の改善と流通業者の活用等いろいろな対策を講じている。

しかし、コメの輸出を現状１万ｔから大幅に増やす方策としては、農水省では唱っていないが２つの策が必要と考える。コメは今でも世界中で作られている。美味しいだけでは少ししか売れない。

世界の主要都市に政府の支援で日本料理の料理学校を作り、日本料理を教え、現地の人々に家庭で作れるようにする。また、日本料理レストランは既に世界に数多くあるが、安くて美味しいレストランは少ない。高くて美味しいとか、安くてそれほど美味しくないレストランは多い。日本料理学校で現地の料理人に日本のジャポニカ米を使ったいろんな美味しい料理を教え、日本のB級グルメのように安くて美味しいレストランを増やし、ファンを増加させていき、日本料理の一般家庭への普及を図るのだ。

また、高いコメは売れない。国内価格を7,000円～8,000円/60kgにして海外で戦える価格とする。こういったことを農水省の政策に加え、農協も積極的に提案し、参加すべきと考える。

注

１）『日本国勢図会　2011/2012』矢野恒太記念会
２）JAcom.（農業協同組合新聞・電子版）2017年８月７日
３）農水省HP「農林水産基本データ集　農家に関する統計」2018年８月１日
４）山下一仁『日本の農業を破壊したのは誰か』株式会社講談社、2013年、pp.92-132
５）農水省HP『お米をめぐる関係資料』2017年11月
６）首相官邸　農林水産業・地域の活力創造本部「農林水産業の輸出力強化戦略」2016年５月

第９章

改革に向けて

１．改革案実現に向けての工程

私は学者でも評論家でもない、実務家と思っている。会社員として規模は小さいが自分の考えがどうやったら実現するかを実際にやってきた。自分ではいいアイデアだと思っても、いろんな事情で、実現困難という場合がよくある。長年の活動では、私自身のいろんな経験で、アイデアがうまくいかないことが多々あった。しかし、うまくいったケースも多い。その差は何かを考えると、次のように考えられる。

①失敗するケース

・アイデアが現状から飛び過ぎていて、そこへ導くための工程が不明確。
・他にもっと良いアイデアが有るかも知れないことを、人と議論してでも見つける努力が足りない。
・賛同者が少ない。特にキーパーソンの賛同が無い。
・大きな流れから外れている。
・そのことが組織に大きなメリットをもたらさない。

②成功するケース

・どのような側面からも理屈が通っている。
・関係する人に意見を聞き、良い意見は取り入れている。
・賛同者が多い。特にキーパーソンの賛同がある。
・大きな流れにある、又は大義がある。
・組織に大きなメリットがある。
・メリットのない、もしくはデメリットのある組織や人にも大きな意味でのメリットが説明できる、または何かを譲歩する。
・推進過程でいろんなハードルが次々と現れてくるが、その都度、それをクリアするアイデアを出し、リーダーシップや突破力で克服できる。または、助けてくれる人が出てくる。

本書で提案していることは、アイデアが現状から飛び過ぎているに当てはまる。また、そこへ導くための工程が不明確であるとの指摘が出てもおかしくない。これだけを見ると失敗するケースに当てはまる。しかし、成功するケースの上記各項目は現状でも該当するものと、これから努力次第、又は流れができれば、又は賛同して助けてくれる人が出てくれば、かなり成功に該当するようになる可能性がある。その過程で失敗するケースの弱点を克服できる可能性があると考える。そのことをもう少し考えてみたい。

最も底流にあるニーズは日本の農業の衰退が止まっていないということである。もう20年以上言われてきていて、政府や関係団体がいろいろと対策を講じていても駄目であった。現在の政策も衰退を止め、上昇に転換する具体的効果が予想できるものは無い。もし、そのような政策が打ち出されていたら、私はこの本を出さなかった。出す必要もなかった。そして、そのタイムリミットも迫っているように思う。

再生の為、私の案では直接支払で最低２兆円位かかる。その程度のことは分かっているが無理だよという人は多いかも知れない。“十分な補助金”と“コメを500万ｔ輸出する”、その為に“コメの価格を海外で戦える価格に下げる”がセットでないと日本農業が再生しないと唱える人はいないようだ。このような方策をある程度具体的に書いた書物は見当たらない。

所謂パラダイムシフトだ。もう２兆円規模をどこから出すのかで止まってしまっている。出すのは無理そうだからできる範囲でやろうとしている。このままでいいはずがない。

日本農業の崩壊と２兆円の負担のどちらをとるかを国民に選んでもらってはどうか。２兆円の負担と言っても1995年までは負担していた額である。20年以上低落した米価の為、20兆円以上の資産が農村から奪われたと言っていい。それを勘案すると基準米価は30,000円/60kgでもおかしくない。

2011年に発生した東日本大震災では東日本の多くの町や村が大災害を受けた。多くの人命が奪われ、生活や財産が奪われた。この大惨事を日本国民のみならず世界も驚愕し、痛切な哀惜と同情の声が沸き起こり、多くの支援が届けられた。政府は復興を最重要課題と位置付け、復興庁を設け、多くの予算を投入している。毎年1.8～3.5兆円レベルである。国民の総意と言ってもいい。財源がどうのこうのという話は聞かない。2018年度は1.6兆円余りに減ってきている[1)]。

これと同様には取り扱えないが、農家と農業は長年にわたり疲弊してきており、1960年代の田舎のコミュニティの姿と現在の姿を映像や写真で比べたら一目瞭然でその凋落ぶりが分かるだろう。大震災で強烈に起きた災害には反対もなく積極的にそのような予算を組むが、じわーっと長い年月をかけて痛んできた、国にとっては大事なものへのそのレベルでの復興に対する支援には俄かに賛同が得られない。

欧米の補助金の実態と、競争力をつけよと言っても全く不公正な競争でしかないことを国民にきちんとした説明が必要である。私はこれまで、人づてに時々依頼があり、20回以上大手企業や大学、学会等で講演させていただいた。

私の話の最初に農業保護派か自由貿易派かのアンケートをとっている。ほぼ７割の人が自由貿易派であり、日本農業はもっと競争力を高めなければならないと思っている人が多数派であった。しかし、私の話を聞いていただいた結果の反応は殆どの人が、競争力の問題ではなく、いかに保護すべきかの問題であることに考えを大転換していただいたのである。

そして早く本を出してはとか、ある政治家の名前を挙げてアプローチするようにとか、SNSを活用するのが良いとか、いろいろとアドバイスをいただいた。

実はある１兆円弱の売上高の大手企業の会長からも「目から鱗が落ちた」と言っていただいた。ほとんどがサラリーマン、またはそのOBの方々である。中小企業の経営者で約100人の方々にも賛同いただいた。

最も有難かったのは東大の鈴木宣弘教授が「貴重な論考で、強く賛同する箇所が多々ある」とメールで返信いただいたことであった。勿論全部賛成とはならないのではないか。鈴木教授は政府の各種会議の委員をされ、農業政策のブレーンをされていた方である。日本農業の振興に広く、深い洞察と、情熱を持たれている。先生の著書は私にとり大変勉強になり、多くの影響を与えてくれた。これらの経験を踏まえ、私は、国内のサラリーマンの方々にはきちんと説明すれば賛同していただけるとある程度の自信ができたのである。

一方、農業者の方々はどうか。前述のサラリーマンの方々の中には多くの兼業農家の方が含まれていて、賛同を得られている。農業者でも欧米の農業補助金が相当多く出されていることを知っている方々もいる。しかし、日本では無理かなとあきらめていると思われる。

政府は欧米の補助金のレベルを知っていながら、農業者には積極的には知らせていない。財源が難しいのと、農業者はもはや大きな票田ではないこともあるのではないか。そういった中で、私の案を主業農家、兼業農家の方々に説明すれば賛同を得られるのではないか。

さて、政府、農水省はどうか。今のままでは動かないであろう。財源の問題がネックと考えられる。農水省が自主的に予算の再配分や、行政改革で補助金を大幅に増やすことはあまり期待できない。農水省が動けないというのであれば、政治家、農水大臣も動けそうにない。財務省も協力しないであろう。消費税を上げることすら難しいのに、農業補助金という理由は通じないとにべもないだろう。農協も分ってはいるが動かない。官庁は優秀な人材の宝庫なので、私の案は既に考えていて、無理と判断しているかも知れない。

しかし、では農業はもっと衰退していいのか。「２～３兆円/年の新たな負担（行革で低減可能）」と「農業の衰退で食料安保の放棄、田舎の衰退、その他多面的機能の放棄」のどちらを選ぶか国民に選択してもらってはどうだろうか。

農業者平均年齢67歳のタイムリミットに近づいた今、この状況をよく説明したうえで選んでもらえば、国民は負担増を選ぶのではないか。

2017年の国民の金融資産残高は1,800兆円、企業の内部留保総額は550兆円と膨張している。コンビニのアルバイト代の半分以下の労賃にしかならない農村のボランティア的農業で、社会の多面的機能を果たしていることの犠牲のもとに貯め込んだ資産が膨張している。

農村の資産は減少するばかりだ。田舎の財産である若者を都市に吸い上げ、田畑の地価を暴落させ、安い米価等で資産を吸い取る。都市は農業の多面的機能に対する対価２兆円を負担しない。こんな不公平が長期間許されるのか。農業者は人が良すぎるのかもしれない。日本という国は足元の土（農業）に寒肥やお礼肥えをやらずに果実をとる。足元の土は干上がってしまい、痩せたパサパサの土壌になり、自分たちの食べ物さえ作れない、潤いのない、殺伐とした国を作ってしまう。資本主義の行き過ぎ、足元を顧みない社会となっている。その程度の負担さえできないのか。いや、状況を理解すれば負担するよと言ってくれる国民であるとまだ信じたい。

では、どうしたらいいのか。欧米では農業者の団体があり、政治に圧力をかけられるようになっている。日本では農協が農業者を代表して政治に圧力をかける機能をもっているが、農協は商社、金融機関としての機能をもった組織であるので、純粋な農業者の利益誘導団体とは言えない。直接支払い補助金は推奨しないかもしれない。もし農協が私の案に賛同して政府に提言してくれるなら取り越し苦労であるが…。農協が動かなければ、農業者のみの組合か団体をつくり、他産業（地域中小企業、観光業、地域に工場を持つ大企業、食品商社、流通業等）にも呼びかけ、賛同者を集め、大きな声として政府に申し入れることだ。やはり政治家は大勢の大きな声があれば取組もうと考えるのではないか。

もう一つ必要なのは、経済界の賛同だ。財界の方々は農業の衰退についてどのように考えているのか。日経新聞には時々、“農業の競争力向上”の言葉が出る。一体何と競争するのか。公正な競争なのか。マスメディアの不勉強は仕方が無いとして、案外、財界の方々は競争力の問題ではないということを知らないのではないか。知っていれば、農産物の競争力を高め、関税を引き下げて、自由貿易を進め、輸出力を高めるというストーリーにはくみし難いと感じるはずである。

前述した大手企業の会長は関西財界人でもあるが、私の話で「目から鱗が落ちた」と言っていただいた。財界の方々にも説明していけば、元々見識が高い方ばかりなので、理解していただけるのではないか。日本という国が農業や食料安保、地方や地方の文化、景観等を犠牲にしても良いとは思っていないはずである。観光産業等は尚更である。財界の方々の中には地方から出てきている方もいて、地方が寂れていくのを忍びなく感じている人も多いのではないか。

マスメディアへのきちんとした説明も必要だ。やはり、マスメディアが味方につくかどうかも成否に大きく影響する。マスメディア向けの説明会も有効である。

こういった事を積み上げれば成功の確率が高まるのではないか。

2．コメ500万ｔ/年輸出への道

コメ500万ｔ/年を増産して、コメの生産量を1,300万ｔにしても食料自給率は53％にしかならない。1960年代には70％代あったが、その頃の人口が１億人前後で現在1.3億人弱と増えていること、肉食や乳製品等の比率が高まりそれに必要な小麦やトウモロコシなどを輸入に頼ったことで、70％に戻すことはできなくなっている。最大の要因は耕地面積が足りない。

食料安全保障としてどうしたらよいか。もし、何かの事情で他国から食糧が入ってこないことを仮定すれば、次の様な対策がある。先ず不足分はコメの輸出を止める。一つは肉や乳製品の消費を減らし、飼料の輸入を減らすのである。牛肉１kgつくるのに11kgの穀物が必要である。この殆どは輸入に頼っている。これが食料自給率を下げている大きな要因の一つである。畜産農家は困るのであるが、牧場を田んぼ等に転換する。田んぼの畦に大豆を植える。また、漁業が衰退しているが、漁業をもう一度再興し海産物を増やす。養殖や畜養漁業なども方策としてある。林業が荒廃しているが、木材→果樹、イモ類等への転換、等々。これでもなかなか食料自給率100％にはならないが、輸入への依存が大きく減少し、39％しかない場合より食料安全保障としてのリスクは大きく低減すると考えられる。

コメ500万ｔの増産の主目的は、農業の再生である。農家の所得を増やし、田舎の町や村を再興するのである。100％の食料安全保障に不足する分は外交努力により補うしかない。

さて、政府は農産物の輸出に力を入れているが、コメの輸出は2016年度で約１万ｔ/年しか出来ていない。これを500万ｔにするには思い切った政策が必要である。しかも、１年や２年では出来ない。５年とか10年のスパンを要するかもしれない。とすれば農業の衰退のスピードからすると早く着手しなければならない。

この政策にはいろんなアイデアが必要である。また、仮に多く輸出できたとしたら、それを生産するだけの田んぼと人手が必要になる。更に、これに関わる各分野の企業、団体、政府機関等の広がりがある。相手国との交渉もある。総合的な戦略、政策、計画が必要となる。現状でも農水省主導で輸出増加政策を展開しているが、更に大きな取組となる。現在の欧米の農産物輸出や戦後のアメリカの小麦戦略も参考にできる。以下に推進すべき項目とイメージを述べる。

①基準米価の設定と補助金の設定

基準米価は補助金設定の為の隠れた基準である。国内流通米価を設定しても市場の変動は避けられない。変動に応じて農業者の収益が基準米価に近付けるよう補助金を調整するのである。補助金もいろんな理由づけ、方法がある。食料安全保障、食品の安全性維持、水質保全、生態系の保全、景観の保全、観光資源の保全、地方文化の継承、国民の休養・レクリエーションの提供、働き方の多様性の提供と都市からの移住先の確保、等々の対価としての理由づけによって直接支払い補助金を設定する。また、アメリカの様にローンレートでの補助金の組入れも考えられる。WTOルールに抵触しない方法で可能だ。

また、条件不利地域には分厚く補助金を設定するべきである。前述したように３段階程度の基準米価を設定し、条件不利地域は高く設定する。その為には、農地規模別に所得のシミュレーションにより、農業者の所得が他産業の所得に近づくような基準を求める。

中山間地の段々畑はその地域の美しい景観の要素になっている。日本には全国にこの景色が見られる。しかし、農作業は手間がかかり、かつ過疎化と老齢化で徐々に耕作放棄地となっていっている。もうこのような土地は切り捨てるとしたら、日本の自給率はさらに低くなるであろう。このような土地を農地として維持し、多面的機能を維持するための対価は平地よりかなり高くかかる。これも認めて、それなりに補助金を上積みしてその対価を支払う必要がある。

また、若者の就農支援策は地域によって実施されているが、国の政策として更に分厚く取組む必要がある。

基準米価を設定しても国内市場価格が海外に輸出できる程度のレベルにならなければならない。現在コメの輸入には778％の関税を課しているが、ある程度下げ、国内市場を守りながら国内市場価格を誘導していく。海外の上質ジャポニカ米の販売価格に対抗できる価格としては7,000円/60kg程度のレベルではないか。カリフォルニア米で流通価格6,000円/60kgが相場の時期もあり、美味しさでアピールできるのではないか。実際にアメリカのスーパーで1,200～1,500円/５kgで販売されている実態があり、売れるのではないか。

500万ｔの輸出とすれば輸出額6,000億円/年程度となる。基準米価を平均23,000円とすれば800万ｔで約2.1兆円/年、1300万ｔで約3.4兆円/年の補助金となる。ここから現状での補助金を引いた額が増加分となる。

②世界の輸出対象国の受け皿づくり＝「コメ戦略」

世界のどこに輸出したらよいか、できるのかが課題である。**表9-1**によれば世界のコメの貿易量は2013年に4,200万ｔで、大半はインディカ米である。現状でのジャポニカ上質米の市場は小さい。その中でもカリフォルニア米のシェアが高い。カリフォルニア米はミニマムアク

表9-1　世界のコメの輸出入　2013年　千トン

コメの輸出		コメの輸入	
タイ	10,000	中国	3,700
ベトナム	9,000	ナイジェリア	3,500
インド	6,700	イラン	1,700
パキスタン	3,900	フィリピン	1,600
アメリカ	3,500	イラク	1,450
カンボジア	1,300	EU	1,400
ウルグアイ	1,200	サウジアラビア	1,325
エジプト	950	コートジボワール	1,200
ブラジル	875	マレーシア	1,100
ビルマ	800	セネガル	1,100
アルゼンチン	600	南アフリカ	1,100
オーストラリア	450	インドネシア	1,000
中国	400	メキシコ	775
ガイアナ	350	ブラジル	600
EU	260	★日本	700
★日本	200	アメリカ	670
その他	1,055	その他	18,620
合計	41,540	合計	41,540

出所：USDA「World Markets and Trade」（日本の輸出は援助米含む）

セスとして日本も輸入しているが、ご飯として食べられることはあまりない。それほど美味しくないからである。日本人は国内のコメが美味しく、海外のコメは敬遠する。

しかし、アメリカや中南米はカリフォルニア米でも美味しいとされている。但し、インディカ米よりかなり高い。カリフォルニア米は特許権の関係でカリフォルニアでしか作れない。アーカンソーでは過去にコシヒカリを作ったことがあるが、収穫までに稲が倒れやすい等の理由で敬遠した。つまり、日本のコメはカリフォルニア米より美味しく、価格は少し高いだけということが広まれば大量に売れる余地があるということである。勿論、アメリカ、中南米に限らず、欧州、中国、東南アジア、中近東等大きな市場を作り上げる可能性がある。では、どういった手順で推進するかである。

ここで、前述した戦後のアメリカの小麦戦略を参考にしたい。国内法を変えて輸出し易いようにした。相手国の厚生省、文部省等に働き掛けた。小学校の給食に組み入れた。キッチンカーを提供して全国を回り、料理の講習会をした。パン職人の育成を行った。テレビ等のメディアで広報活動をした。これらの活動の資金を提供した。輸出相手国にいくつかのメリットを与えた。

それらの逆を考えてみよう。日本食は健康に良い、美味しい。これは既に欧米人が知っている。欧米人はかなりの割合で肥満である。それに伴う病気も多く、医療費が非常に高くつく。個人的負担と政府の負担も重い。2016年の各国一人当たり医療費はアメリカ　109万円、ドイツ　61万円、フランス　52万円、日本　50万円、イギリス　46万円（1$＝110円）となっている[2)]。どの国も医療費削減は課題であるが、特にアメリカは重い。

平均寿命では日本は世界のトップだ。日本食は健康に良いとの評価は世界的といってよい。しかし、欧米では美味しい日本食レストランは高い。安い店は中国系、韓国系の人が経営しているケースが多く、あまり美味しくない。だから庶民の生活に入りきれない。美味しくてリーズナブルな値段のレストランが多くあり、庶民が家庭でコメ等の材料をリーズナブルな値段で買え、家庭で調理して美味しく食べられる、という状況にもっていくのである。

これには日本食を美味しく作れる料理人の育成場所、家庭の主婦が気軽に日本食の作り方を勉強できる場所、つまり、料理学校を世界の主要な都市に作るのである。今の時代、キッチンカーとはいかない。生徒の国籍は問わない。料理学校の先生の育成も必要である。料理学校の先生の育成も料理学校で行っていく。所謂先生コースである。

合格者には資格を与える。海外で住む日本人の女性は適任である。教材を用意し、少し教えれば資格を与えられる。勿論その国の人々が主体である。都合の良い時間にその人たちが国内のいろんな場所に教室を開く。その支援も日本の政府が行う。

基幹料理学校は政府機関が資本を出す。そこで資格を取得した人が地方に料理教室を開く場合は違う形の支援、例えば日本のコメや食材を安く販売する。それには、日本の指定した業者を通じた流通の中に特典を設ける。それに政府機関が支援する。コメだけではない、日本食に使ういろんな食材も流通に乗せ、併せて拡販する。アメリカの小麦戦略の日本版コメ戦略だ。これは６次産業化の取り組みにも恩恵をもたらす。

また、ミシュランのレストラン評価が有名であるが、日本料理店の評価をする機関を作り、☆の数で評価するのである。高級店だけではなく、庶民的なレストランも対象とする。これで質の向上と維持を図るのだ。

一方、日本食がいかに健康に良いかを世界保健機関WHOにPRし、また、輸出相手国にも健康分野を所管する政府機関にPRする。その普及について協力を得る。医療費削減は各国の大きな課題のはずだ。メディア、病院、学校等にもPRする。インターネットの活用も効果的だ。

日本料理で広めたいメニューとしてはごはん、おかゆ、おこわ、炊き込みご飯、おにぎり、味噌汁、懐石料理、和風弁当、各種なべ料理、すき焼き、しゃぶしゃぶ、親子丼、牛丼、かつ丼、天丼、日本式カレーライス、天ぷら、とんかつ、串カツ、焼き肉、焼き鳥、焼き魚、寿司、巻寿司、おでん、椀物、餅、雑煮、そば、うどん、ラーメン、焼き餃子、おはぎ、ぜんざい、和菓子等。美味しいごはんを炊くために、日本の電気炊飯器の販売も行う。

日本に来たことのある外国人は受入易いのではないか。この人々からの口コミも期待できる。

日本食の特徴ある食材としては日本米、もち米、味噌、醤油、みりん、納豆、日本酒、焼酎、かつお、昆布、わかめ、のり、ひじき、出汁の素、わさび、麩、豆腐、油あげ、干ししいたけ、ねぎ、しょうが、ゆず、すだち、和牛、小豆、黒豆、こんにゃく、日本カレーのルウ、片栗粉、里芋、山芋、ゆりね、タケノコ、黒糖、みょうが、そば、そうめん、うどん、ラーメン、紅しょうが、ラッキョウ、梅干し、各種佃煮、かに味噌、かまぼこ、はんぺん、厚揚げ、ちりめんじゃこ、ちりめん山椒、明太子、各種漬物、七味、一味、山椒、ふりかけ、その他各地域の特産品等、大きな広がりがある。

それぞれ単品で輸出を取組んでいるものもあるが、日本食としての売り込みにより全体への波及が期待される。コメを売るための促進効果も期待できる。海外のスーパーでアジアの食材コーナーの中に日本の食材が置かれている扱いから、普通の食材のコーナーに当たり前のように置かれるようにしたい。既に日本酒は特にフランスで広く受け入れられている。

こういった取組みは該当政府機関だけではなく、国内料理学校、レストランの調理士、食材産業、商社、農協、地方自治体、外務省、海外現地法人等の協力を得ることも必要だ。

主要都市に日本料理学校を設置するための資金としては初年度１か所２億円として、100か所で200億円。２年目以降は１箇所0.5億円の支援として50億円/年。20カ国に推進するとして１カ国で10億円/年の費用をかかるとすれば200億円/年、といった程度の予算が必要か。

③関税と貿易交渉

一方、貿易には関税の問題がある。日本のコメの輸入関税は778％と高い障壁がある。このままではアメリカにコメを輸出する際、相応に高い関税をかけられる可能性がある。２国間貿易交渉により、適切な関税設定としなければならない。

ミニマムアクセス米（MA米）は2015年77万ｔでタイから36万ｔ、アメリカから34万ｔ輸入しており、大半が飼料か、加工米として使われる。MA米のご飯は日本人の口に合わないのでそのような用途になる。MA米の平均価格は5,700円/60kg前後である。これには関税がかかっていない。日本国内のコメの価格が7,000〜8,000円とするとアメリカからのコメの輸入は脅威にはならないのではないか。脅威となるならば6,000円/60kgに誘導すればよい。

逆に、日本からアメリカへの輸出が関税０とすれば、十分アメリカで対抗できる。アメリカはカリフォルニア米を海外（中南米等）に1,200〜1,500円/５kgで販売している。仮にアメリカと双方20％の関税とした場合でもアメリカで十分対抗できるのではないか。7,000円/60kgは583円/５kgであるので、流通経費を工夫すれば小売価格は売れるレベルにすることが可能である。但し、アメリカでの販売はカリフォルニア米よりも少し割高にすることと、総量を100万ｔ以内とし、摩擦を少なくする必要がある。

カリフォルニア米を負かすのではなく、日本食の普及により、美味しいが少し高いコメの市場を作っていくのであり、コメ市場が膨らむことを目指すのである。それがカリフォルニア米にも好影響となる。それが延いてはアメリカの人々の健康増進に寄与することにより、アメリカで受け入れられていくことを狙うのである。

アメリカだけではない。相手国の事情に合わせ、２国間貿易の枠組みを上記と同じような基本的な考え方で進めるのである。そして、各国（20カ国程度）への輸出は大きな摩擦とならないような量に分散させる。

欧州の国々とはコメの輸出での摩擦は大きくないと考えられる。欧州からパスタやオリーブ油、ワイン等を大量に輸入している。中国は大きな市場であり、日本のご飯は美味しいと知っている人口が多いので多く割り当てる。但し、関税の問題がある。日本はコメの輸入に778％の関税を設定している。これはアメリカだけでなく、中国や東南アジアからの安いコメの流入を防いでいるのであるが、逆に日本からそれらの国へ輸出する場合、国内市場価格が7,000円～8,000円/60kgになり、関税を400％程度に下げても、これに対抗した高い関税をかけられ、売れない可能性がある。これは２国間の貿易交渉で適切な価格設定と関税の折り合いをつけなければならない。その上での多国間での事情を反映したFTA２国間協定として交渉し、締結する必要がある。この協定が不利にならない国々への輸出を推進するのである。

或いは、海外市場での販売にどうしても日本の輸入関税が問題になる場合、問題回避できる程度の関税とし、国内販売価格をこれに合わせるように下げ、補助金をその分上積みすることも選択肢として持つ。

アメリカの対日貿易赤字の問題で、アメリカが農産物での関税撤廃を求めているが、野菜はほぼ無いに等しい関税（３％）であり、コメの輸入に関してはカリフォルニア米の増産余力はあまり無く、畜産品以外は謂われなき要求である。畜産にしても日本の畜産が衰退すれば、アメリカから買っている飼料が減るので、痛し痒しではないか。また、農産品の貿易額自体が工業製品に比べれば微々たるものであり、工業製品の範疇での交渉や問題解決を図るべきであり、農産物に押し着せるべき筋合いではない。アメリカ国内で日本に輸出できるコメ農家の数は微々たるもので、政治的に大きな圧力とはなっていないはずである。

今年2018年にアメリカを除きTPPが締結された。今回の私の提案とは全く違う内容であると思う。しかし、再度国益を見直し、TPPに必要な修正をかけていく外交努力が必要となると考える。

図9-1にあるように、農産品の平均関税で日本がやや高いのはコメの778％が効いており、これを除けば野菜の３％等かなり低い。EUもやや高めで、乳製品等守るものはしっかり守りながら貿易交渉を行い、アメリカからの遺伝子組み換え大豆（GM）を受け入れない等、世界の貿易でうまく立ち回っている。

日本が500万ｔのコメを各国に輸出しても市場を大きく乱す量ではない。インディカ米と競合しないからだ。また、日本は農地面積の制約で500万ｔ以上は輸出できない。逆に、日本食と共に美味しいコメの市場が膨らみ、供給が追い付かない状況になれば、日本は各国に美味しいコメの作り方を指導する。かつてエジプトで成功したように。

図 9-1　G20の平均関税率

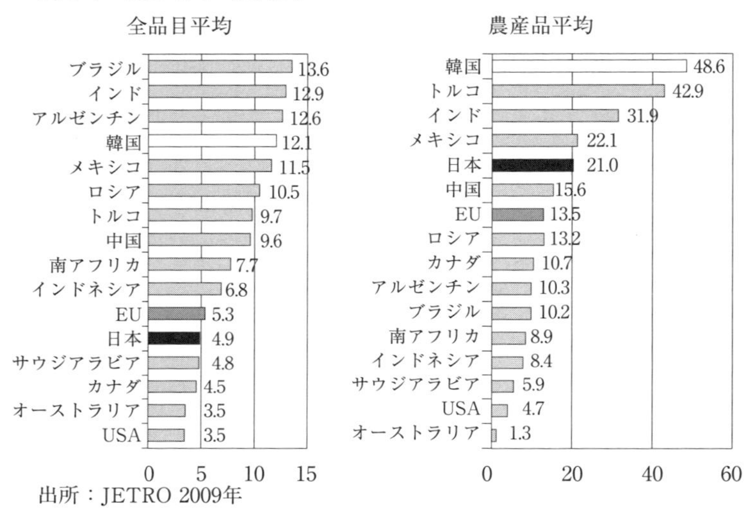

出所：JETRO 2009年

小麦やトウモロコシの栽培から美味しいジャポニカ米の栽培に転換することが、各国の農業への好影響や自給率の向上、健康の増進に繋がる。延いては、世界の人口増加への対策になるのである。

日本で作るジャポニカ米は山地が多いことによる良い水と洗練されたコメ作り等により、美味しさは将来的にも他国に優位に立つはずであり、教えたら損という考えは小さな考えである。コメが小麦の6倍以上人口を養えるということから、世界の食料がいつでも潤沢にあり、投機の対象にならず、貧しい人々にも無理なく行き渡る安定した世界を目指す必要がある。世界平和と人類の幸福への貢献になるのである。

NHKで放映されたが、ブータンに1964年海外技術協力事業団として赴き、農業指導した西岡京治氏はブータンで農業の発展に大きく貢献し「ブータン農業の父」といわれ、ブータン国王から「最高に優れた人」を意味する「ダショー」の称号を贈られ、現地ではダショー・

ニシオカと呼ばれている。

1992年に現地で亡くなった後も、苦労して開拓した地域では西岡氏の恩を忘れず、今でも毎年西岡氏の為にお祈りを捧げている。いろんな作物の種を日本から持っていき、現地で試験し、合うものを栽培し、広めた。コメは日本の稲作の方法を教えた。筋植えで等間隔に植えていく、雑草を取り易い、成長しやすい、収量が大幅に増えるといった効果が表れ、現地の人々に定着した。これにより、貧しい農家が農産物を出荷し、輸出も出来、徐々に豊かになっていったのである。

こういったストーリーはWHOやFAOや各国の政府にも説得力を持つのではないか。日本が世界の食糧供給と健康増進に寄与することは日本の国としての格式、尊厳が高められるのではないだろうか。

④コメ500万ｔ増産

コメの輸出の増加に伴い、コメの増産が必要である。現状800万ｔの生産からいかに増やすか。**図3-1**のように日本の農地455万haのうち稲を栽培している田んぼが158万ha、休耕田が49ha、耕作放棄地が40haで、普通畑116万ha、牧草地61万ha、樹園地30万haである（2012年）。500万ｔのコメを増産するためには約100万haの土地が要る。休耕田、耕作放棄地を極力稲に再利用するとして、足りない土地を牧草地や普通畑から転換するとすれば広さとしては可能である。畜産や野菜に対して補助金付きの稲作の方の所得が多いとなれば、稲作に転換する農家も多いのではないか。または、稲作農家が田畑を借りるか、買い取る等で規模を大きくする動きが出てくるのではないか。若者で新たに就農する人数が増えるであろう。

輸出先の増加のペースと合わない可能性もあり、国内の増産が早い場合はODAで低開発国へ支援物資として捌く、輸出の増加が早い場合は農協や農業法人が主導で増産を牽引する。若者の就農を支援する。新規就農者への農業指導も地域、農協等が担当する。

輸出による需要増加への対応は、補助金が十分であれば法人も多く参画し、容易に増産できるのではないだろうか。法人は投資に見合う利益が出れば殺到する可能性すらある。できれば個人経営の若い農業者が増えることを望みたいし、そのような誘導が必要であろう。

3．農業に関わる法体系の見直し

これまで述べてきたような方策は現状の農業に関わる法体系下、各種条令下、政令下では実現困難だ。所謂パラダイムの大転換となるので、法体系等もこれに合わせる必要があり、恐らく大変なことになる。

また、新たな補助金の交付により、役所の役割の変化、地方自治体の機能、農協の機能や仕事の変化等が伴うであろう。このような大改革は政府の主要な政策への持ち上げ、国民の理解、農水省、財務省、外務省、経産省等の取組、農協の対応、等々大掛かりにならざるを得ない。

今の法規制を少し変えるだけでも大変ということで岩盤規制と言っている。農業を守り、発展させるための規制のはずで、TPP等で工業を優先し、農業弱体化のために改悪することは避けなければならないが、農業再生の為の見直しは行う必要がある。

EUは価格支持政策から直接支払いに移行し、デカップリング後、直接支払いの徹底、さらに補助金の目的を多面的機能に変えてきたのは1992年から2013年頃までかけて段階的に改革をしてきている。日本は数年で変えられるのであろうか。目がくらむような大きさにたじろがない人はいないであろう。しかし、前述したように、これまで大改革をしなかったことによる農業の衰退のツケが来ているのである。このままでいいのか、今やらなければならないと決心するのか。農業を衰退させ多面的機能を失うのか、農業を再生させ良い国にするのかを早期に決断しなければならない。やはり、その為には農業者の要求の集約、各界の理解を得る活動が必要である。

農業者平均年齢67歳、サラリーマン農家のボランティア的農業の限界、農村の限界集落化、農地の荒廃、等々時限爆弾のタイムリミットが迫っている。決断しないということは不可逆的な農業の加速度的衰退が進むということである。

政府が決断し、関係官庁がその気になれば、岩盤規制とは言わなくなる。官庁の意図に反して少しだけ規制を変えるよう要請すると岩盤規制が顔を出す。政治家も官庁の官僚も個人的には農業の再生が出来ることを心から望んでいるはずである。私の様な無責任な立場で発言するのは簡単であるが、体制の中で飛んだ発言をするのは私も企業内にいた経験から困難と思われる。そんなことは分かっているんだよと思われるかもしれない。では誰も発言しなくていいのか。との考えでこの本を出すことにした。

４．何故農業だけ手厚く保護するか

衰退しているのは農業だけではなく、地方の商店、昔ながらの中小企業、林業等枚挙にいとまが無い。何故農業だけ保護なのか。それは人間の食料として農地で栽培するという基本機能が絶対的に変わらないためだ。

大昔より農業以外の産業はほぼ変転してきている。衰退した例では石炭や鉱山産業、繊維産業、木材産業、造船、中小企業の鉄工所、最近では白物家電、半導体等々、これは時代と共に海外の新興国の安い製品に負けていったからである。しかし、新たな産業の発展があり、労働力を吸収し、付加価値を増やし、全体として経済が成長していった。商店はスーパーやインターネット購入に置き換えられ、その労働力も他の産業に吸収されていった。それは製品やサービスが置き換え可能なものであり、衰退は新たな発展で置き換わるものである。

ところが、農業だけは置き換わらない。海外から農産物を輸入することが多面的機能を失っていくことになるからだ。つまり、農業を他の産業と同列に扱うのは誤りであり、特別な対策が要るのである。

注

１）復興庁HP　予算概要2011年～2018年
２）OECD Health Statistics 2017-NOVEMBER 2017

第10章

世界の食料問題

1．人口増加と世界の食料逼迫

国連は2050年には世界の人口が98億人に達すると推定している。2017年現在76億人[1)]。将来の人類の食糧は大丈夫か。今でも10億人が飢えている。世界のマネーが食糧に投機した為に穀物が高騰し、低開発国では内政不安となり、ジャスミン革命の様な混乱の一因となっている。

世界の将来の食糧が足りるかどうかの予測は、２つの意見がある。

一つは、あまり心配はいらないという意見。現状でも食糧の需要に合わせて増産出来ている。化学肥料をもっと使えば増産できる。品種改良で増産できる。農地はアメリカにもシベリアにもまだまだ増やせる、等としている[2)]。

もう一つは、温暖化による干ばつ。穀物をバイオ燃料に利用。新興国の爆食化、肉食化。水不足。肥料、農薬過多での土壌疲弊。公害での重金属汚染。富裕化により食糧残渣の増大。豊かさを求めて農業を捨て、都市へ集まる。穀物価格の高騰により、貧困層の困窮。政情不安、格差拡大。等と将来食糧危機が起こる可能性が高いとの意見だ。

この二つの意見のどちらが正解かは予測困難。しかし、食料危機が来ないように準備、対策をしておくのが責任あるやり方であろう。シベリアにまだ土地があるといっても、極寒の地域に移住して農業を新たにしようという人が多くいるのかとか、また、消費地から遠いことによる輸送費の増加等、増産のリスク要因を考えなければならない。その為には、やはり穀物を増産するベース（有効な土地の確保、灌漑等）を増やすとともに、一定の土地で人間をより多く養うことのできるコメへの作物転換を進めることが効果的である。

2．日本式農業の利点

日本の稲作は3000年以上前に大陸から伝わったとされている。古代から江戸時代までコメは税金の代わりにもなるし、石高が侍の位ともなり、日本の社会の貨幣に代わる基本の部分を担っていた。明治以降は品種改良も進み、寒冷な北海道でも作れるようになった。また、美味しさも改良されてきた。以下に日本のコメ、ジャポニカ米の栽培の特徴と利点を挙げる。

①品種改良

・長年に亘る研究により、気候に合った、美味しい米に改良されている。コシヒカリはその代表的な品種である。

②灌漑技術

・少雨地域でも溜池、用水路等の灌漑施設を発達させ、いろんな土地環境に対応してきた。

③土壌作り、育苗～収穫、流通で高品質な米を維持するようシステム化

・適切な肥料と土壌管理により、最適な土作り

・育苗技術

・時期、気候に合わせた農作業カレンダー
水管理、農薬管理（害虫駆除、除草）

④筋植え

・日光が茎まで届く

・雑草取り、農薬撒きがし易い

雑草が多いと種籾に雑草が混じり、翌年も雑草が増え、結果、品質が落ちる。

・株別れスペースがあり、収量が多い

⑤農薬の使用を最少化

⑥各稲作過程における農業機械の進化

・トラクター、田植え機、コンバイン、施肥機、農薬散布機（無人ヘリコプター含む）、乾燥器、脱穀機、カントリーエレベーター、精米機等

・省力化が進み、高齢者でもコメ作りが出来るようになった。

⑦収穫後の高度な管理による品質維持

・乾燥、精米、包装、冷蔵

各地域に合った稲作カレンダーがある。水管理も含めて時期に合わせて細かく作業が決められている。これらの工程は世界のどの国の稲作よりも洗練され、コメを美味しく作り上げる最高レベルの稲作である。これに、日本の温帯モンスーン気候で、山地が国土の７割という環境で森林と地下を通ったミネラルを豊富に含んだ水とで、世界で真似のできないコメ作りとなっている。さらに、各地域での品種改良がすすめられた。

今では各地域にブランド米として多くの品種が生まれ、それぞれに美味しさ度合いが増している。魚沼産コシヒカリはその代表格として有名だ。北海道のユメピリカも非常に評判が良くなっている。他にもいろんなブランドの美味しいコメが全国に作られている。

一方、近年アメリカでも美味しいコメが作られてきた。日本人の田牧一郎氏がカリフォルニアで苦労して、中粒種であるが日本のコメに近い旨さのコメ作りを成功させた。これを田牧米として販売している。この他に錦、玉錦、カリフォルニア米で中粒種のカルローズ等が美味しいとされている。しかし、美味しいという人もある一方、少しパサパサしていたり、冷えると美味しくないとか、完全に日本米のレベルにはなったと言えないという評価が一般的だ。田牧氏はその後コシヒカリをカリフォルニアで栽培したが、粘土質の土地での栽培は相当苦労し、地代や水代等コストがかかり高価となり、消費者が安い方に流れたので、カリフォルニアでの経営をあきらめている。

その後、ウルグアイでコメ作りの挑戦をされた。田牧氏は日本に帰ってから、将来に亘り日本のコメが最も美味しいだろうと言っている。

アーカンソー州はアメリカで最もコメの生産量が多い州でインディカ米が主体である。ここでもコシヒカリの栽培に挑戦したが茎が弱く倒れやすい等の理由であきらめている。

つまり、アメリカではコシヒカリレベルのコメは殆ど作られていないので、日本のコメがアメリカで価格さえ合えば大量に売れる素地はあるのである。カリフォルニア米で200万ｔ強/年の生産量であり、これ以上の増産は適した土地面積等の関係で難しいとされている。日本食が普及され、美味しいコメの需要が増えれば100万ｔ程度の輸出は大きな摩擦とはならないのではないか。

世界のコメ作り適地でのコメの増産はインディカ米ではなく、ジャポニカ米が良い。何故なら、インディカ米の需要と供給は既にバランスされている。美味しいコメを中心とした日本食の普及によって世界のコメの需要と生産量を増やしたい。これが人口増加に対して食糧の安定供給を確保する最も効果的な方法であり、健康増進にもなる。エジプトの例を見ても、ジャポニカ米の栽培を日本が教えたことにより、食糧危機を解消してきている。エジプト人も美味しいからインディカ米よりもジャポニカ米を食べ、8割がジャポニカ米となっている。ジャポニカ米の方が高く売れるのだ。

この経験を世界のコメ作り適地で、ジャポニカ米の稲作を日本が指導するのである。タイはインディカ米が主体であり、種をばら撒く方式である。私はタイの田んぼも見たが雑草が多い。人が田んぼに入り難いので取り除くのは困難だ。または、農薬を多く使うことになる。単位当たり収量も日本の2/3程度だ。ところが、タイでもジャポニカ米を筋植えしている地域が少しある。何故か。第2次世界大戦で日本軍がタイを占領した時、日本兵が教えたのである。現地の人はその農法の方が良いと分かり、それが現代でも続いているのである。タイのチェンライ、チェンマイ等の北部地域でもジャポニカ米が作られ、バンコクで高いが人気となっている。欧米だけではなく、中国や東南アジア、南米等でも日本のジャポニカ米は美味しいと認められる。

日本からの輸出は各国で摩擦が生じない程度にし、現地に日本の栽培方法を教えるのが各国への貢献になるし、やはり日本で作ったジャポニカ米が最も美味しいと一定の需要が残り、500万ｔレベルの輸出は将来に亘り可能であると考えられる。また、日本食の他の食材も世界中に売れることにより、稲作を教えることのリターンが得られる。

注

1）国際連合「世界人口予測・2017年改訂版［United Nations (2017) World Population Prospects: The 2017 Revision］

2）川島博之『食糧危機をあおってはいけない』文藝春秋、2009年

まとめ

私の日本農業の再生案のポイントをまとめる。

政府のこれまでの20年以上のいろんな農業政策でも農業は衰退している。現在の農業政策でも農業の衰退が止まらない。農業者平均年齢67歳の今、限界が近付いている。これを以下の方策で打開したい。

①農業補助金を欧米のレベルに近づける。コメ生産への補助金を大幅に増額する。基準価格を23,000円/60kg程度とし、国内価格を6,000円～8,000円/60kgに下げ海外のジャポニカ米価格に対抗できるようにする。その差に相当する額を生産者に補助金として直接支払いする。主業農家の所得を都市住民の所得に近付ける。条件不利地域は補助金を厚くする。また、輸出し易い価格とする。

②コメを500万ｔ/年輸出する。その為に、海外主要100以上の都市で日本食料理学校を開設し、美味しく、健康に良い日本食の作り方を教える。美味しい日本料理を安く食べられるレストランを普及する。TVやネット等でのPRを行い、日本食が家庭に入っていくように推進する。戦後のアメリカの小麦戦略の逆である。輸出先は20カ国以上とし、それぞれの国との摩擦を大きくしないようにする。これにより国内コメ生産を800万ｔ→1,300万ｔとし、休耕田や耕作放棄地等をコメ生産に戻し、若者の就農を増やし、農業を再生する。

③コメは小麦より６倍以上人口を養える。健康にも良い。海外に美味しいジャポニカ米の栽培方法を指導し、広め、人類の近い将来の食糧確保の問題を解決する。ジャポニカ米を食する人口を増や

し、小麦の生産地の15％程度をジャポニカ米の生産に転換し、世界の人口が90億人に増えても十分な食糧供給とする。FAOやWHOの協力も得る。日本のコメはそれでも最も美味しいので輸出先が確保できる。

④補助金は２～３兆円/年となるが、財源として、現在の農水省予算の補助金の内容を変更し、全体として公共事業を減らす等組み替える。政府全体の予算からも割り当てる。それらの結果にもよるが、不足分は国民に負担をお願いし、消費税をその分上げる。

⑤このような政策の大転換を実現するには、農業者の強い声、農協、政治家、官民諸団体への説明と働き掛け、国民への丁寧な説明、により、「農業の衰退による多面的機能の喪失」か、「一定の負担による農業の再生か」を選択してもらう。

さて、大都市で働く人々の中で地方の田舎で親が寂しく暮らしている人々も多いだろう。兄弟のうち誰かが田舎で面倒を見てくれている人は良いが、親だけで生活している人々も多い。私の両親は既に亡くなっているが、生前は子供のいない田舎で寂しく暮らしていた。父が亡くなり、母親一人になって１年後に私の家の近くのマンションに来てもらった。都会には狭い家に田舎から親を引き取って同居している家族も多くある。２世帯住宅ではない家は、それは大変だ。長年住み慣れた土地に最後は住むことが出来なくなって、知人のいない都市に住む息子に世話にならざるを得ない。生きがいを無くしそうだ。田舎で農業をやりながら子供世帯と住み、地域の社会で充実した生活をする、それが代々つながっていく、それが幸せというものであろう。そのような家族の有り方が崩れていっている。親も子もしんどい、余裕の無い生活、人生になっていっている。呼び寄せた親が残した田畑は荒れていく。この流れが止まらない。地方と農業はこういった面からも再生する必要がある。

もしかしたら、田舎で３世代が住むことは、若い夫婦の子育てに祖父母が助けることが出来、家も広い、住宅購入費の節減、地域社会の相互扶助など、好環境により、都市に住むより子供を多く持てるのではないか。田舎、農業を再生すると出生率が上がるのではないか。さすれば、田舎、農業は人口のゆりかごと言える。

電車から見る田舎の景色は美しく、家々は都会の家より大きく、土地もゆったりとしている。そんなところに何故大きな補助をしないといけないのかと思っている人も多い。では、その田舎に住んでみますか、というと尻込みする。収入が少ないのが分かっている。少なくてもいいから移る人もいるが、やはり苦労する。地方自治体がいろいろと対策を講じるが過疎化は進む一方だ。

そこに豊かさがあると分かれば移り住む人が急に増えるはずだ。非正規雇用で将来の人生設計が出来ない若者が多い。サラリーマンが嫌で農業をやりたい若者も多い。そのような状況を作れば、若者に夢を与えることが出来る。あるテレビ番組でイタリアの田舎町の暮らしを紹介する番組がある。都会に出た息子がやはり田舎がいいと戻ってきて、親子、孫の３代で幸せに暮らすというパターンが多い。特に、イタリア南部には工業があまりないのに、町は昔のまま美しく存続している。この裏には農業への十分な補助金が出ていることがその田舎町の存続に大きく影響していることが隠されている。それでも、農業に誇りをもって生活を充実したものにしている。自分たちの農業は多面的機能を果たしているということを知っているからだ。勿論、都会でも幸せはある。しかし、田舎でもこのような幸せが有るようにしたい。

昔、日本の田舎には生き生きとしたコミュニティがあり、文化があり、祭りがあり、学問もあり、３世代の家族が幸せに暮らしていた。これから始める農業の再生が日本の田舎に活気をもたらし、伝統が伝えられ、地域の文化の上に様々な新しい文化が生まれる。老夫婦が村を走り回る孫たちを見てほほ笑む。星々が輝くように日本中の田舎の町が、村が、人が輝いてほしいと切に願う。

あとがき

以上、日本農業の再生案を述べたが、なんだ、補助金という短絡した案か、と反応を返す人が多いかもしれない。弱者の救済という社会保障の種類は多い。健康保険、年金制度、生活保護制度、教育の無償化、中小企業支援、激甚災害支援、介護保険、等々、それに農業保護の拡大を言えば、日本の財政が持つのか、増税には抵抗が大きい、また、経済へのリスクが高い、等問題が多い。

しかし、農業の衰退がこれ以上進むと、跡継ぎが出来ないまま田舎の崩壊が不可避となり、日本という国が暖かさや、心の豊かさや、食の安全・安心等が失われた殺伐とした国になるのではないか。このような切迫した状況、欧米の農業の歴史と現状、なぜ補助金が必要なのか等を丁寧に国民に説明し、国民の理解と納得を得る努力が必要である。また、国の戦略として地球規模の食料問題解決を国内政策とリンクして起案し、日本国民だけでなく人類の近未来の危機を救うため、また、人々の健康増進の為の国際的な活動を進めることが、日本という国の価値を高めるのではないか。官庁の改革はなりを潜めているが、そろそろ大ナタを振るわなければならない。

政治家がこのような考えを持って、国家戦略として大胆に国の政策に取り入れるようになってもらいたい。その為には農家や地方がそのような意思と戦略を持って政治家に働き掛けるようなパワーが必要である。

稀有壮大、迂遠、大言壮語と言われようが、是しかないと考える。

本書を出版するに当たり、東京大学の鈴木宣弘教授には大変お世話になった。鈴木教授は10年前頃から時々テレビで農業保護の立場で解説されているのを拝見していた。その頃すでに国内の農業機械の総需要が長期的に減少しており、所属会社では販売台数の減少に苦しんでいた。しかし、欧米の農機メーカーの堅調ぶりとのギャップが気になり、何故こうなったのか、どうしたら良いのかという素朴な疑問を持ち、10年ほど前から家で勉強を始めた。それをプレゼンにまとめ、知人に認めてもらい、その知人の紹介等で人に話す機会を得た。

しかし、自分の考えが間違っていないか、何か大きな抜けがないかが心配になり、2015年４月に大変僭越であるが鈴木教授に資料をお送りし、一度お話しいただけないかのお願いをした。いろいろと勉強した中で、鈴木教授の本が最も勉強になり、腑に落ちたからである。門外で見ず知らずの私の申し出でにつき、無視されるか、断られるかと思ったが、鈴木教授はご寛容にも大阪に立ち寄っていただき、３時間ほどお話をさせていただいた。鈴木教授は全く権威ぶらずに気さくにお話ししていただいた。大いに勉強になった。また、その人となりに感銘し、尊敬させていただいている。

今回の出版に至る前、お忙しい中、また厚かましくもお願いし、2017年に書いた論文をお読みいただき、一定のご評価をいただいた。出版の希望に際し、筑波書房の鶴見社長をご紹介いただき、さらに推薦文を書いていただくなど過分なご支援と労をとっていただき、心より感謝し、厚く御礼申し上げる次第です。

また、筑波書房の鶴見社長には数多くの農業関連の書籍出版のご経験からのいろんなご指導をいただき、大変お世話になりました。厚く御礼申し上げます。

2018年９月

尾ノ井　憲三

参考文献

『日本国勢図会』矢野恒太記念会、2012～2018年
『世界国勢図会』矢野恒太記念会、2012～2018年
斎藤潔『アメリカ農業を読む』農林統計出版、2009年
八木宏典『プロが教える農業のすべてがわかる本』ナツメ社、2010年
帝国書院編集部『地理の研究』帝国書院、2010年
柴田明夫『食糧争奪』日本経済新聞出版社、2007年
柴田明夫『コメ国富論』角川SSC、2009年
柴田明夫『食糧危機にどう備えるか』日本経済新聞出版社、2012年
鈴木宣弘『現代の食料・農業問題』創森社、2008年
及川忠著　鈴木宣弘監修『食料問題の基本とカラクリがよ～くわかる本』秀和システム、2009年
山田正彦『「農政」大転換』宝島社新書、2011年
服部信司『TPP問題と日本の農業』農林統計協会、2011年
西川公也『食料逼迫』家の光協会、2009年
農林水産省『食料・農業・農村白書』2012年
農林水産省『食料・農業・農村白書　参考統計表』2012年
農林水産省『食料・農業・農村基本計画』大成出版社、2010年
奥田和子『和食ルネッサンス』同時代社、2011年
板垣啓四郎『我が国における食料自給率向上への提言　Part 2』筑波書房、2012年
小池恒男『地域からはじまる日本農業の「再生」』家の光協会、2012年
農林水産省HP、2011～
ジュリアン・クリブ（片岡夏実訳・柴田明夫解説）『90億人の食糧問題』シーエムシー出版、2011年
川島博之『「食糧危機」をあおってはいけない』文藝春秋、2009年
鈴木宣弘『食の戦争』文藝春秋、2013
鈴木宣弘『「岩盤規制」の大義』農文協、2015年
ジョン・マーチン（溝手芳計・村田武監訳）『現代イギリス農業の成立と農政』筑波書房、2002年
鈴木猛夫『「アメリカ小麦戦略」と日本人の食生活』藤原書店、2003年
財部誠一『農業が日本を救う』PHP研究所、2009年
井上ひさし著・山下惣一編『井上ひさしと考える日本の農業』一般社団法人　家の光協会、2013年
村田武『現代ドイツの家族農業経営』筑波書房、2016年
山下一仁『日本の農業を破壊したのはだれか』株式会社講談社、2013年

著者略歴

尾ノ井 憲三（おのい　けんぞう）

オーハツ株式会社　取締役

1953年兵庫県生まれ
1976年早稲田大学理工学部卒業
1978年早稲田大学大学院理工学研究科修士課程修了
1978年より機械メーカーで生産、資材購買畑を経験
購買部長
2014年より現職

日本農業再生案　鍵はコメ

2018年10月29日　第１版第１刷発行

著　者　尾ノ井　憲三
発行者　鶴見　治彦
発行所　筑波書房
東京都新宿区神楽坂２－19 銀鈴会館
〒162－0825
電話03（3267）8599
郵便振替00150－3－39715
http://www.tsukuba-shobo.co.jp

定価はカバーに示してあります

印刷／製本　平河工業社

ISBN978-4-8119-0543-3 C3061